普通高等教育"十三五"应用型人才培养规划教材

建模与仿真技术

董　钢　涂敦兰　编著

西南交通大学出版社
· 成　都 ·

图书在版编目（ＣＩＰ）数据

建模与仿真技术 / 董钢，涂敦兰编著. —成都：
西南交通大学出版社，2017.6
ISBN 978-7-5643-5431-2

Ⅰ. ①建… Ⅱ. ①董… ②涂… Ⅲ. ①Matlab 软件 –
应用 – 建立模型②Matlab 软件 – 应用 – 系统仿真 Ⅳ.
①O22②TP391.9

中国版本图书馆 CIP 数据核字（2017）第 096402 号

建模与仿真技术

董　钢　涂敦兰　编著

责任编辑	穆　丰
封面设计	何东琳设计工作室

出版发行　西南交通大学出版社
（四川省成都市二环路北一段 111 号
西南交通大学创新大厦 21 楼）

邮政编码	610031
发行部电话	028-87600564
官网	http://www.xnjdcbs.com
印刷	四川森林印务有限责任公司

成品尺寸	185 mm × 260 mm
印张	8.25
字数	183 千
版次	2017 年 6 月第 1 版
印次	2017 年 6 月第 1 次
定价	25.00 元
书号	ISBN 978-7-5643-5431-2

前　言

统计计算是力求把统计思想、数值计算步骤以及在计算机上的实现结合起来，使学习者掌握用统计方法解决实际问题的全过程。

本书使学生能够把统计推导、数值计算和计算机上实现有机地结合起来，从而掌握用统计方法解决实际问题的全过程。本书的内容以基础入门为主，不要求学生有程序设计方面的先修课程经验。

但是如果具有以下知识点学习会更轻松：一门程序设计语言（C/VB/其他）；高等数学知识；线性代数知识；熟悉 Windows；熟练的键盘操作能力。

MATLAB 是一种广泛应用于工程计算及数值分析领域的功能强大的计算机高级语言，它集科学计算、图像处理于一身，并提供了丰富的图形界面设计方法。它的特点是语法结构简单、数值计算高效、图形功能完备，特别适合于非计算机专业的编程人员完成日常数值计算、科学实验数据处理、图形图像生成等通用性任务时使用，因而在统计、信号处理、自动控制、图像处理、人工智能及计算机通信等领域得到了广泛应用。现在，在全球各高等院校，MATLAB 已成为大学生必须掌握的基本技能之一。

本书系统讲解 MATLAB 基本环境和操作要旨、数值计算、符号计算、计算结果可视化及编程精要；举例阐述 MATLAB 精华工具 Simulink 的仿真功能；剖析 MATLAB 界面编辑器的用法和图形用户界面（GUI）的制作要求；介绍 MATLAB 和 Word 集成一体的 Notebook 环境；举例展现 MATLAB 在数学、经济、通信、控制中的应用。

通过 MATLAB 语言实验课程的学习，学生应能够熟练掌握 MATLAB 的基本编程方法，能运用其进行诸如数值计算、科学实验数据处理、算法设计与验证、图形图像生成以及 Simulink 的系统仿真等方面的工作，并能够熟练地将 MATLAB 应用于本专业的学习和研究中，解决相关课程中的数学计算、图形绘制、建模与仿真等问题，提高科学计算与研究的效率，从而具备利用 MATLAB 进行计算机处理、解决实际问题的能力。

编　者
2017 年 5 月

目　录

情景一　MATLAB 操作基础

1.1　MATLAB 概述

1.1.1　MATLAB 简介

MATLAB 是 MathWorks 公司于 1982 年推出的一套高性能的数值计算和可视化数学软件，被誉为"巨人肩上的工具"。

由于使用 MATLAB 编程运算与人进行科学计算的思路和表达方式完全一致，所以用 MATLAB 编写程序就犹如在演算纸上排列公式及求解问题。因此，MATLAB 又被称为演算纸式的科学算法语言。

经过十几年的完善和扩充，MATLAB 现已发展成线性代数课程的标准计算工具。由于它不需定义数组的维数，并给出了矩阵函数、特殊矩阵专门的库函数，使之在求解诸如信号处理、建模、系统识别、控制、优化等领域的问题时，显得更为简捷、高效、方便，这是其他高级语言所不能比拟的。

1.1.2　MATLAB 的发展

1984 年，MATLAB 第 1 版（DOS 版）；

1992 年，MATLAB4.0 版；

1994 年，MATLAB 4.2 版；

1997 年，MATLAB 5.0 版；

1999 年，MATLAB 5.3 版；

2000 年，MATLAB 6.0 版；

2001 年，MATLAB 6.1 版；

2002 年，MATLAB 6.5 版；

2004 年，MATLAB 7.0 版；

2006 年，MATLAB 7.2 版；

2007 年，MATLAB 7.3 版；

2008 年，MATLAB 7.6 版；

2009 年，MATLAB 7.9 版；

2010 年，MATLAB 7.11 版；

2011 年，MATLAB 7.13 版；

2012 年，MATLAB 8.0 版；

2013 年，MATLAB 8.2 版；

2014 年，MATLAB 8.4 版；

2015 年，MATLAB 8.6 版；

2016 年，MATLAB 9.0 版；

1.1.3 MATLAB 的主要功能

1．数值计算和符号计算功能

MATLAB 以矩阵作为数据操作的基本单位，提供了十分丰富的数值计算函数。MATLAB 和著名的符号计算语言 Maple 相结合，使得 MATLAB 具有符号计算功能。

2．绘图功能

MATLAB 提供了两个层次的绘图操作：一种是对图形句柄进行的低层绘图操作，另一种是建立在低层绘图操作之上的高层绘图操作。

3．编程语言

MATLAB 具有程序结构控制、函数调用、数据结构、输入输出、面向对象等程序语言特征，而且简单易学、编程效率高。

4．MATLAB 工具箱

MATLAB 包含两部分内容：基本部分和各种可选的工具箱。MATLAB 包括被称作工具箱（TOOLBOX）的各类应用问题的求解工具。它可用来求解各类学科问题，包括信号处理、图像处理、控制系统辨识、神经网络等。随着 MATLAB 版本的不断升级，其所含的工具箱的功能也越来越丰富。

MATLAB 工具箱分为两大类：功能性工具箱和学科性工具箱。

1.1.4 初识 MATLAB

例 1-1 在同一坐标系中绘出正弦曲线 $y=\sin x$ 和余弦曲线 $y=\cos x$ 在[0，2*Pi]上的图形。

x=[0：1/180：2*pi]；% 输入自变量 x 的行矩阵

f1=sin(x)；%输出因变量 f1 的行矩阵

f2=cos(x)；%输出因变量 f2 的行矩阵

plot(x，f1，x，f2)；%调用绘图命令一次画出两条曲线。

例 1-2 求方程 $3x^4+7x^3+9x^2-23=0$ 的全部根。

p=[3，7，9，0，-23]；%建立多项式系数向量

x=roots(p)%求根

例 1-3 求积分

quad('x.*log(1+x)'，0，1)。

例 1-4 求解线性方程组：$Ax=b$。

其中 A=[2，-3，1；

8，3，2；

45，1，-9]；

b=[4；2；17]；

解　　　x=inv(A)*b

注意：线性方程组的解也可写成 x=A\b。

1.2　MATLAB 的运行环境与安装

1.2.1　MATLAB 的运行环境

硬件环境：

（1）CPU：奔腾Ⅲ以上；

（2）内存：1 G 以上；

（3）硬盘：40 G 以上；

（4）CD-ROM：驱动器和鼠标。

软件环境：

（1）Windows 98/NT/2000 或 Windows XP；

（2）其他软件根据需要选用

1.2.2　MATLAB 的安装

安装 MATLAB 6.5 软件，需运行系统自带的安装程序 setup.exe，一般只要用鼠标双击安装图标，就会启动安装程序，而只需按照安装提示正确输入（或粘贴）安装序列号后点击"确认"键，并按提示修改安装路径（或默认安装到 C 盘）就能完成安装。

安装完毕后，在"开始"→"程序"→"Matlab.exe"菜单中，双击 Matlab 图标，即可运行程序。

1.3　MATLAB 集成环境

1.3.1　启动与退出 MATLAB 集成环境

1．MATLAB 系统的启动

与一般的 Windows 程序一样，启动 MATLAB 系统有 3 种常见方法：

（1）使用 Windows "开始"菜单。

（2）运行 MATLAB 系统启动程序 matlab.exe。

（3）利用快捷方式。

启动 MATLAB 后，将进入 MATLAB 6.5 集成环境。MATLAB 6.5 集成环境包括 MATLAB 主窗口、命令窗口（Command Window）、工作空间窗口（Workspace）、命令历史窗口（Command History）、当前目录窗口（Current Directory）和启动平台窗口（Launch

Pad)。

当 MATLAB 安装完毕并首次启动时, 展现在屏幕上的界面为 MATLAB 的默认界面, 如图 1-1 所示。

2．MATLAB 系统的退出

要退出 MATLAB 系统, 也有 3 种常见方法:

（1）在 MATLAB 主窗口 File 菜单中选择 Exit MATLAB 命令。

（2）在 MATLAB 命令窗口输入 Exit 或 Quit 命令。

（3）单击 MATLAB 主窗口的"关闭"按钮。

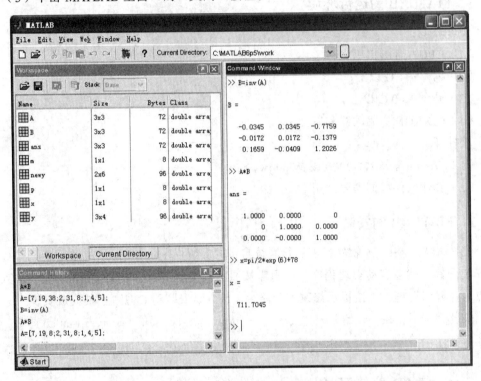

图 1-1　MATLAB 默认界面

1.3.2　主窗口

MATLAB 主窗口是 MATLAB 的主要工作界面。主窗口除了嵌入一些子窗口外, 还主要包括菜单栏和工具栏。

1．菜单栏

在 MATLAB 6.5 主窗口的菜单栏, 共包含 File、Edit、View、Web、Window 和 Help 6 个菜单项。

（1）File 菜单项: 实现有关文件的操作。

（2）Edit 菜单项: 用于命令窗口的编辑操作。

（3）View 菜单项: 用于设置 MATLAB 集成环境的显示方式。

（4）Web 菜单项：用于设置 MATLAB 的 Web 操作。

（5）Window 菜单项：主窗口菜单栏上的 Window 菜单，只包含一个子菜单 Close all，用于关闭所有打开的编辑器窗口，包括 M-file、Figure、Model 和 GUI 窗口。

（6）Help 菜单项：Help 菜单项用于提供帮助信息。

2．工具栏

MATLAB 6.5 主窗口的工具栏共提供了 10 个命令按钮。这些命令按钮均有对应的菜单命令，但比菜单命令使用起来更快捷、方便。

1.3.3　命令窗口

命令窗口是 MATLAB 的主要交互窗口，用于输入命令并显示除图形以外的所有执行结果。

MATLAB 命令窗口中的"＞＞"为命令提示符，表示 MATLAB 正在处于准备状态。在命令提示符后键入命令并按下回车键后，MATLAB 就

会解释执行所输入的命令，并在命令后面给出计算结果。

一般来说，一个命令行输入一条命令，命令行以回车结束。但一个命令行也可以输入若干条命令，各命令之间以逗号分隔，若前一命令后带有分号，则逗号可以省略。

例如：

p = 15，m = 35

p = 15；m = 35

在编程中，逗号表示换列，相当于一个空格；分号表示换行，分号与回车的作用都是换行。

如果一个命令行很长，一个物理行之内写不下，可以在第一个物理行之后加上 3 个小黑点并按下回车键，然后接着下一个物理行继续写命令的其他部分。3 个小黑点称为续行符，即把下面的物理行看作该行的逻辑继续。

在 MATLAB 里，有很多的控制键和方向键可用于命令行的编辑。

1.3.4　工作空间窗口

工作空间是 MATLAB 用于存储各种变量和结果的内存空间。在该窗口中显示工作过程中所有变量的名称、大小、字节数和变量类型说明，可对变量进行观察、编辑、保存和删除。

如果想要把工作空间中的变量及其数据存成文件，只需键入命令：Save filename.mat variblename，不写变量名将会把工作空间中全部数据保存到用户所指定的文件内。

1.3.5　当前目录窗口和搜索路径

1．当前目录窗口

当前目录是指 MATLAB 运行文件时的工作目录，只有在当前目录或搜索路径下的文

件、函数可以被运行或调用。

在当前目录窗口中可以显示或改变当前目录，还可以显示当前目录下的文件并提供搜索功能。

将用户目录设置成当前目录也可使用"cd"命令。例如，将用户目录 c:\mydir 设置为当前目录，可在命令窗口输入命令：

cd c:\mydir

2．MATLAB 的搜索路径

当用户在 MATLAB 命令窗口输入一条命令后，MATLAB 按照一定次序寻找相关的文件。基本的搜索过程是：

（1）检查该命令是不是一个变量。

（2）检查该命令是不是一个内部函数。

（3）检查该命令是否当前目录下的 M 文件。

（4）检查该命令是否 MATLAB 搜索路径中其他目录下的 M 文件。

用户可以将自己的工作目录列入 MATLAB 搜索路径，从而将用户目录纳入 MATLAB 系统统一管理。设置搜索路径的方法有：

（1）用 path 命令设置搜索路径。例如，将用户目录 c:\mydir 加到搜索路径下，可在命令窗口输入命令：

path(path，'c:\mydir')

（2）用对话框设置搜索路径

在 MATLAB 的"File"菜单中选"Set Path"命令或在命令窗口执行"pathtool"命令，将出现搜索路径设置对话框。可通过"Add Folder"或"Addwith Subfolder"命令按钮将指定路径添加到搜索路径列表中，在修改完搜索路径后，需要保存搜索路径。

1.3.6　命令历史记录窗口

在默认设置下，历史记录窗口中会自动保留自软件安装起所有用过的命令的历史记录，并且还标明了使用时间，从而方便用户查询。通过双击命令还可进行历史命令的再运行。如果要清除这些历史记录，可以选择"Edit"菜单中的"Clear Command History"命令。

1.3.7　启动平台窗口和"Start"按钮

MATLAB 6.5 的启动平台窗口可以帮助用户方便地打开和调用 MATLAB 的各种程序、函数和帮助文件。

MATLAB 6.5 主窗口左下角有一个"Start"按钮，单击该按钮会弹出一个菜单，选择其中的命令可以执行 MATLAB 产品的各种工具，并且可以查阅 MATLAB 包含的各种资源。

1.4 MATLAB 帮助系统

1.4.1 帮助窗口

进入帮助窗口可以通过以下 3 种方法：

（1）单击 MATLAB 主窗口工具栏中的 Help 按钮。

（2）在命令窗口中输入"helpwin""helpdesk"或"doc"。

（3）选择"Help"菜单中的"MATLAB Help"选项。

1.4.2 帮助命令

MATLAB 帮助命令包括"help""lookfor"以及模糊查询。

1."help"命令

在 MATLAB 6.5 命令窗口中直接输入"help"命令将会显示当前帮助系统中所包含的所有项目，即搜索路径中所有的目录名称。同样，可以通过输入"help"加函数名来显示该函数的帮助说明。

2."lookfor"命令

"help"命令只搜索出那些关键字完全匹配的结果，"lookfor"命令可搜索范围内的 M 文件进行关键字搜索，条件比较宽松。

"lookfor"命令只对 M 文件的第一行进行关键字搜索。若在 lookfor 命令后加上"-all"选项，则可对 M 文件进行全文搜索。

3. 模糊查询

MATLAB 6.0 以上的版本提供了一种类似模糊查询的命令查询方法，用户只需要输入命令的前几个字母，然后按"Tab"键，系统就会列出所有以这几个字母开头的命令。

1.4.3 演示系统

在帮助窗口中选择演示系统（Demos）选项卡，然后在其中选择相应的演示模块，或者在命令窗口输入"Demos"，或者选择主窗口"Help"菜单中的"Demos"子菜单，可打开演示系统。

1.4.4 远程帮助系统

在 MathWorks 公司的主页（http：//www.mathworks.com）上可以找到很多有用的信息，国内的一些网站也有丰富的信息资源。

情景二　MATLAB 矩阵及其运算

2.1　Matlab 的工作环境

2.1.1　Matlab 的命令窗口计算输入

在 MATLAB 命令窗口下进行基本数学运算，只需在提示号 ">>" 之后直接输入运算式，并按下 "Enter" 键即可。例如在命令窗口中键入：

(10*19+2/4-34)/2*3，

回车后可得：

ans = 234.7500

MATLAB 会将运算结果直接存入一变数 ans，代表 MATLAB 运算后的答案，并在命令视窗上显示其数值。如果在上述的例子结尾加上分号 ";"，则计算结果不会显示在命令视窗上，要得知计算值只需键入该变数名即可。

2.1.2　Matlab 的数字格式

MATLAB 可以将计算结果以不同的精确度的数字格式显示，我们可以在命令视窗上的功能选单上的 "Options" 下选 "Numerical Format"，或者直接在命令视窗键入各个数字显示格式的指令。例如在命令窗口键入：

format short　（这是默认的）

MATLAB 利用键盘上 "↑" "↓" 二个游标键可以将所执行过的指令调回来重复使用。按下 "↑" 则前一次指令重新出现，之后再按 "Enter" 键，即再执行前一次的指令。而 "↓" 键的功用则是往后执行指令。其他在键盘上的几个键如 "→" "←" "Delete" "Insert" 其功能则显而易见，试用即知，无须多加说明。当要暂时执行作业系统（例如 Dos）的指令且还要执行 MATLAB 指令时，可以利用 "!" 加上原作业系统的指令，例如 "!dir, !format a："。

2.1.3　Matlab 的退出

"Ctrl+C"（即同时按下 Ctrl 及 C 两个键）可以用来中止 MATLAB 执行中的工作。

有三种方法可以结束 MATLAB：

（1）在命令窗口输入 "exit"；

（2）在命令窗口输入 "quit"；

（3）直接关闭 MATLAB 的命令视窗（Command Window）。

2.2 变量和数据操作

2.2.1 变量与赋值

1. 变量命名

在 MATLAB 6.5 中，变量名是以字母开头，后接字母、数字或下划线的字符序列，最多 63 个字符。变量名区分字母的大小写。

注意事项：（1）变量名的大小写是要区分的。（2）变量名的第一个字符必须为英文字母，而且不能超过 31 个字符。（3）变量名可以包含下连字符、数字，但不能包含空格符、标点。（4）为读取方便，变量名应尽量采用首写字母为大写的英文单词，且避免和库函数名冲突。

2. 赋值语句

（1）变量 = 表达式。

（2）表达式。

其中，表达式是用运算符将有关运算量连接起来的式子，其结果是一个矩阵。

MATLAB 书写表达式的规则与"手写算式"差不多相同。如果一个指令过长可以在结尾加上"..."（代表此行指令与下一行连续），例如键入：

3*...

6   %求 3 与 6 的乘积

运行可得结果：

ans = 18

例 2-1　计算表达式的值，并显示计算结果。

在 MATLAB 命令窗口输入命令：

x = 1+2i；

y = 3-sqrt（17）；

z =（cos（abs（x+y））-sin（78*pi/180））/（x+abs（y））

其中"pi"和"i"都是 MATLAB 预先定义的变量，分别代表圆周率 π 和虚数单位。

输出结果是：

z = -0.3488 + 0.3286i

2.2.2 预定义变量

在 MATLAB 工作空间中，还驻留有几个由系统本身定义的变量。例如，用 pi 表示圆周率 π 的近似值，用 i，j 表示虚数单位。预定义变量有特定的含义，在使用时，应尽量避免对这些变量重新赋值。

ans：预设的计算结果的变量名；

eps：正极小值 esp = 2.2204e-16；

pi：内建的 π 值；

inf 或∞值：无限大；

NaN：无法定义一个数目（1/0）；

i 或 j：虚数单位 i=j= sqrt（-1）；

nargin：函数输入参数个数；

nargout：函数输出参数个数；

realmax：最大的正实数；

realmin：最小的正实数；

flops：浮点运算次数。

2.2.3 内存变量的管理

1．内存变量的删除与修改

MATLAB 工作空间窗口专门用于内存变量的管理。在工作空间窗口中可以显示所有内存变量的属性。当选中某些变量后，再单击"Delete"按钮，就能删除这些变量。当选中某些变量后，再单击"Open"按钮，将进入变量编辑器。通过变量编辑器可以直接观察变量中的具体元素，也可修改变量中的具体元素。

"clear"命令用于删除 MATLAB 工作空间中的变量。"who"和"whos"这两个命令用于显示在 MATLAB 工作空间中已经驻留的变量名清单。"who"命令只显示出驻留变量的名称，"whos"在给出变量名的同时，还给出它们的大小、所占字节数及数据类型等信息。

2．内存变量文件

利用 MAT 文件可以把当前 MATLAB 工作空间中的一些有用变量长久地保留下来，其扩展名是.mat。MAT 文件的生成和装入由"save"和"load"命令来完成的，其常用格式为：

save 文件名[变量名表] [-append][-ascii]

load 文件名[变量名表] [-ascii]

其中，文件名可以带路径，但不需带扩展名.mat，命令隐含对.mat 文件进行操作的含义。变量名表中的变量个数不限，只要内存或文件中存在即可，变量名之间以空格分隔。当变量名表省略时，会保存或装入全部变量。"-ascii"选项使文件以 ASCII 格式处理，省略该选项时文件将以二进制格式处理。"save"命令中的"-append"选项可将变量追加到已有 MAT 文件中。

2.2.4 MATLAB 常用数学函数

MATLAB 提供了许多数学函数，函数的自变量规定为矩阵变量，运算法则是将函数逐项作用于矩阵的元素上，因而运算的结果是一个与自变量同维数的矩阵。

函数使用说明：

（1）三角函数以弧度为单位计算。

（2）abs 函数可以求实数的绝对值、复数的模、字符串的 ASCⅡ码值。

（3）用于取整的函数有 fix、floor、ceil、round，要注意它们的区别。

（4）rem 与 mod 函数的区别。rem(x，y)和 mod(x，y)要求 x，y 必须为相同大小的实矩阵或标量。

2.2.5　数据的输出格式

MATLAB 用十进制数表示一个常数，具体可采用日常记数法和科学记数法两种表示方法。在一般情况下，MATLAB 内部每一个数据元素都是用双精度数来表示和存储的。数据输出时用户可以用"format"命令设置或改变数据输出格式。"format"命令的格式为：

format　格式符

其中格式符决定数据的输出格式。

2.3　MATLAB 矩阵

2.3.1　矩阵的建立

1．直接输入法

最简单的建立矩阵的方法是从键盘直接输入矩阵的元素。具体方法如下：将矩阵的元素用方括号括起来，按矩阵行的顺序输入各元素，同一行的各元素之间用空格或逗号分隔，不同行的元素之间用分号分隔。

2．利用 M 文件建立矩阵

对于比较大且比较复杂的矩阵，可以为它专门建立一个 M 文件。下面通过一个简单例子来说明如何利用 M 文件创建矩阵。

例 2-2　利用 M 文件建立 MYMAT 矩阵。

（1）启动有关编辑程序或 MATLAB 文本编辑器，并输入待建矩阵：

（2）把输入的内容以纯文本方式存盘（设文件名为 mymatrix.m）。

（3）在 MATLAB 命令窗口中输入 "mymatrix"，即运行该 M 文件，就会自动建立一个名为 MYMAT 的矩阵，可供后续使用。

3．利用冒号表达式建立一个向量

冒号表达式可以产生一个行向量，一般格式是：

e1：e2：e3

其中，e1 为初始值，e2 为步长，e3 为终止值。

在 MATLAB 中，还可以用 "linspace" 函数产生行向量。其调用格式为：

linspace(a，b，n)

其中，a 和 b 是生成向量的第一个和最后一个元素，n 是元素总数。显然，linspace(a，b，n)与 a：(b-a)/(n-1)：b 等价。

4．建立大矩阵

大矩阵可由方括号中的小矩阵或向量建立起来。

5. 矩阵（数组）的创建格式

格式一：手工输入 3 行 4 列矩阵。

A =[1，2，3，4；-1，5，3，6；2，0，3，7]；

格式二：给定步长自动生成行矩阵。

B =1：0.1：2；%行矩阵也叫数组

格式三：用随机命令自动生成 m×n 矩阵。

C =rand(m，n)；

格式四：调用等距插值命令生成行矩阵。

D =linspace(a，b，n)；

2.3.2　矩阵的拆分

1. 矩阵元素

通过下标引用矩阵的元素，例如

A(3，2)= 200

采用矩阵元素的序号来引用矩阵元素。矩阵元素的序号就是相应元素在内存中的排列顺序。在 MATLAB 中，矩阵元素按列存储，先第一列，再第二列，依次类推。例如

A =[1，2，3；4，5，6]；

A(3)

ans =

2

显然，序号（Index）与下标（Subscript）是一一对应的，以 m×n 矩阵 A 为例，矩阵元素 A（i，j）的序号为（j-1）*m+i。其相互转换关系也可利用"sub2ind"和"ind2sub"函数求得。

2. 矩阵拆分

（1）利用冒号表达式获得子矩阵

① A(:，j)表示取 A 矩阵的第 j 列全部元素；A(i，:）表示取 A 矩阵第 i 行的全部元素；A(i，j)表示取 A 矩阵第 i 行、第 j 列的元素。

② A(i：i+m，:）表示取 A 矩阵第 i~i+m 行的全部元素；A(:，k：k+m)表示取 A 矩阵第 k~k+m 列的全部元素；A(i：i+m，k：k+m)表示取 A 矩阵第 i~i+m 行内，并在第 k~k+m 列中的所有元素。此外，还可利用一般向量和"end"运算符来表示矩阵下标，从而获得子矩阵。"end"表示某一维的末尾元素下标。

（2）利用空矩阵删除矩阵的元素。

在 MATLAB 中，定义[]为空矩阵。给变量 X 赋空矩阵的语句为 X =[]。注意，X =[]与 clear X 不同，clear X 是将 X 从工作空间中删除，而空矩阵则存在于工作空间中，只是维数为 0。

2.3.3 特殊矩阵

1.通用的特殊矩阵

常用的产生通用特殊矩阵的函数有：

zeros：产生全 0 矩阵（零矩阵）。

ones：产生全 1 矩阵（幺矩阵）。

eye：产生单位矩阵。

rand：产生 0~1 间均匀分布的随机矩阵。

randn：产生均值为 0，方差为 1 的标准正态分布随机矩阵。

例 2-3 分别建立 3×3、3×2 和与矩阵 A 同样大小的零矩阵。

（1）建立一个 3×3 零矩阵。

zeros(3)

（2）建立一个 3×2 零矩阵。

zeros(3，2)

（3）设 A 为 2×3 矩阵，则可以用 zeros（size（A））建立一个与矩阵 A 同样大小零矩阵。

A =[1 2 3；4 5 6]；%产生一个 2×3 阶矩阵 A

zeros(size(A))%产生一个与矩阵 A 同样大小的零矩阵

例 2-4 建立随机矩阵：

（1）在区间[20，50]内均匀分布的 5 阶随机矩阵。

（2）均值为 0.6、方差为 0.1 的 5 阶正态分布随机矩阵。

命令如下：

x = 20+(50-20)*rand(5)

y = 0.6+sqrt(0.1)*randn(5)

此外，常用的函数还有 reshape（A，m，n），它在矩阵总元素保持不变的前提下，将矩阵 A 重新排成 $m×n$ 的二维矩阵。

2.用于专门学科的特殊矩阵

（1）魔方矩阵。

魔方矩阵有一个有趣的性质，其每行、每列及两条对角线上的元素和都相等。对于 n 阶魔方阵，其元素由 1，2，3，…，n^2 共 n^2 个整数组成。MATLAB 提供了求魔方矩阵的函数 magic(n)，其功能是生成一个 n 阶魔方阵。

例 2-5 将 101~125 等 25 个数填入一个 5 行 5 列的表格中，使其每行每列及对角线的和均为 565。

M = 100+magic(5)

（2）范得蒙矩阵。

范得蒙（Vandermonde）矩阵最后一列全为 1，倒数第二列为一个指定的向量，其他各列是其后列与倒数第二列的点乘积。可以用一个指定向量生成一个范得蒙矩阵。在

MATLAB 中，函数 vander(V)生成以向量 V 为基础向量的范得蒙矩阵。例如，

A = vander([1；2；3；5])即可得到上述范得蒙矩阵。

（3）希尔伯特矩阵及其逆矩阵。

在 MATLAB 中，生成希尔伯特矩阵的函数是 hilb(n)。使用一般方法求逆会因为原始数据的微小扰动而产生不可靠的计算结果。MATLAB 中，有一个专门求希尔伯特矩阵的逆的函数 invhilb(n)，其功能是求 n 阶的希尔伯特矩阵的逆矩阵。

例 2-6　求 4 阶希尔伯特矩阵及其逆矩阵。

命令如下：

format rat %以有理形式输出

H=hilb(4)

H=invhilb(4)

（4）托普利兹矩阵。

托普利兹（Toeplitz）矩阵除第一行第一列外，其他每个元素都与左上角的元素相同。生成托普利兹矩阵的函数是 toeplitz(x，y)，它生成一个以 x 为第一列，y 为第一行的托普利兹矩阵。这里 x，y 均为向量，两者不必等长。toeplitz(x)即用向量 x 生成一个对称的托普利兹矩阵。例如：

T=toeplitz(1：6)

（5）伴随矩阵。

MATLAB 生成伴随矩阵的函数是 compan(p)，其中 p 是一个多项式的系数向量，高次幂系数排在前，低次幂排在后。例如，为了求多项式的 x^3-7x+6 的伴随矩阵，可使用命令：

P =[1，0，-7，6]；

compan(p)

（6）帕斯卡矩阵

我们知道，二次项$(x+y)^n$展开后的系数随 n 的增大组成一个三角形表，称为杨辉三角形。由杨辉三角形表组成的矩阵称为帕斯卡（Pascal）矩阵。函数 pascal(n)生成一个 n 阶帕斯卡矩阵。

例 2-7　求$(x+y)^5$的展开式。

在 MATLAB 命令窗口，输入命令：

pascal(6)

矩阵次对角线上的元素 1，5，10，10，5，1 即为展开式的系数。

2.4　MATLAB 运算

2.4.1　算术运算

1．基本算术运算

MATLAB 的基本算术运算有：+（加）、-（减）、*（乘）、/（右除）、\（左除）、^

（乘方），具体见表 2-1。注意，运算是在矩阵意义下进行的，单个数据的算术运算只是一种特例。

表 2-1　基本算术运算

运算符	名称	格式	法则说明
+	加	A+B	对应元素相加
–	减	A-B	对应元素相减
*	乘	A*B	按矩阵乘法定义相乘
/	右除	A/B	方程 XB=A 的解 A*inv（B）
\	左除	B\A	方程 BX=A 的解 inv（B）*A
^	乘幂	A^B	

（1）矩阵加减运算。

假定有两个矩阵 A 和 B，则可以由 A+B 和 A-B 实现矩阵的加减运算。运算规则是：若 A 和 B 矩阵的维数相同，则可以执行矩阵的加减运算，A 和 B 矩阵的相应元素相加减。如果 A 与 B 的维数不相同，则 MATLAB 将给出错误信息，提示用户两个矩阵的维数不匹配。

（2）矩阵乘法。

假定有两个矩阵 A 和 B，若 A 为 m×n 矩阵，B 为 n×p 矩阵，则 C=A*B 为 m×p 矩阵。

（3）矩阵除法。

在 MATLAB 中，有两种矩阵除法运算：\和/，分别表示左除和右除。如果 A 矩阵是非奇异方阵，则 A\B 和 B/A 运算均可以实现。A\B 等效于 A 的逆左乘 B 矩阵，也就是 inv（A）*B，而 B/A 等效于 A 矩阵的逆右乘 B 矩阵，也就是 B*inv(A)。

对于含有标量的运算，两种除法运算的结果相同，如 3/4 和 4\3 有相同的值，都等于 0.75。又如，设 a=[10.5,25]，则 a/5=5\a=[2.1000 5.0000]。对于矩阵来说，左除和右除表示两种不同的除数矩阵和被除数矩阵的关系。对于矩阵运算，一般 A\B≠B/A。

（4）矩阵的乘方。

一个矩阵的乘方运算可以表示成 A^x，要求 A 为方阵，x 为标量。

2．点运算

在 MATLAB 中，有一种特殊的运算，因为其运算符是在有关算术运算符前面加点，所以叫点运算。点运算符有.*、./、.\和.^。两矩阵进行点运算是指它们的对应元素进行相关运算，要求两矩阵的维参数相同。

3. Matlab 矩阵变换操作示例

示例一：

```
clear
A=rand(5)                  %生成一个 5 阶随机矩阵；
A1=A(1：3，2：4)；          %取出 A 中由 1，2，3 行，2，3，4 列构成的子矩阵
```

A2=A([5，4，3，2，1],：);	%对 A 中的行重新排序；
A([1，2，3],：)=[];	%删除 A 的 1，2，3 行；
A(：，[1，5])=[];	%删除 A 的 1，5 列；
A([1，2，3],：)=A([2，3，1],：);	%置换 A 的 1，2，3 行；
A3=A(：);	%逐列排序把 A 拉成一个列向量；
A(：)=B;	%把 B 中的元素按列依次赋给 A；

注：要求 A 与 B 的元素一样多，但行数可以不相等；

示例二：

（1）把矩阵 A 的第 i 行的 s 倍加到第 j 行：

A(j,：)=A(j,：)+A(i,：)*s;

（2）交换 A 的第 i 列与第 j 列：

A(：，[i，j])=A(：，[j，i]);

（3）元素重排：按列元次序把 m*n 个元素的矩阵排成 n×m 矩阵：

B=reshape(A，n，m)

2.4.2 关系运算

MATLAB 提供了 6 种关系运算符：<（小于）、<=（小于或等于）、>（大于）、>=（大于或等于）、==（等于）、~=（不等于）。它们的含义不难理解，但要注意其书写方法与数学中的不等式符号不尽相同。

关系运算符的运算法则为：

（1）当两个比较量是标量时，直接比较两数的大小。若关系成立，关系表达式结果为 1，否则为 0。

（2）当参与比较的量是两个维数相同的矩阵时，则是两矩阵相同位置的元素按标量关系运算规则逐个进行比较，并给出元素比较结果。关系运算的最终结果是一个维数与原矩阵相同的矩阵，元素由 0 或 1 组成。

（3）当参与比较的量是一个是标量，而另一个是矩阵时，则需把标量与矩阵的每一个元素按标量关系运算规则逐个比较，并给出元素比较结果。关系运算的最终结果是一个维数与原矩阵相同的矩阵，它的元素由 0 或 1 组成。

例 2-8 产生 5 阶随机方阵 A，其元素为[10，90]区间的随机整数，然后判断 A 的元素是否能被 3 整除。

（1）生成 5 阶随机方阵 A。

A=fix((90-10+1)*rand(5)+10)

（2）判断 A 的元素是否可以被 3 整除。

P=rem(A，3)==0

其中，rem(A，3)是矩阵 A 的每个元素除以 3 的余数矩阵。此时，0 被扩展为与 A 同维数的零矩阵，P 是进行等于（==）比较的结果矩阵。

2.4.3 逻辑运算

MATLAB 提供了 3 种逻辑运算符：&（与）、|（或）和 ~（非）。

逻辑运算的运算法则为：

（1）在逻辑运算中，确认非零元素为真，用 1 表示，零元素为假，用 0 表示。

（2）设参与逻辑运算的是两个标量 a 和 b，那么，a&b：a，b 全为非零时，运算结果为 1，否则为 0；a|b：a，b 中只要有一个非零，运算结果为 1；~a：当 a 是零时，运算结果为 1；当 a 非零时，运算结果为 0。

（3）若参与逻辑运算的是两个同维矩阵，那么将对矩阵相同位置上的元素按标量规则逐个进行运算。最终运算结果是一个与原矩阵同维的矩阵，其元素由 1 或 0 组成。

（4）若参与逻辑运算的量一个是标量，一个是矩阵，那么运算将在标量与矩阵中的每个元素之间按标量规则逐个进行。最终运算结果是一个与矩阵同维的矩阵，其元素由 1 或 0 组成。

（5）逻辑非是单目运算符，也服从矩阵运算规则。

（6）在算术、关系、逻辑运算中，算术运算优先级最高，逻辑运算优先级最低。

例 2-9　建立矩阵 A，然后找出大于 4 的元素的位置。

（1）建立矩阵 A。

A=[4, -65, -54, 0, 6; 56, 0, 67, -45, 0]

（2）找出大于 4 的元素的位置。

find(A>4)

2.5　矩阵分析

2.5.1　对角阵与三角阵

1．对角阵

只有对角线上有非 0 元素的矩阵称为对角矩阵，对角线上的元素相等的对角矩阵称为数量矩阵，对角线上的元素都为 1 的对角矩阵称为单位矩阵。

（1）提取矩阵的对角线元素。

设 A 为 m×n 矩阵，diag(A)函数用于提取矩阵 A 主对角线元素，生成一个具有 min(m, n)个元素的列向量。diag(A)函数还有一种形式 diag(A，k)，其功能是提取第 k 条对角线的元素。

（2）构造对角矩阵。

设 V 为具有 m 个元素的向量，diag(V)将产生一个 m×m 对角矩阵，其主对角线元素即为向量 V 的元素。diag(V)函数也有另一种形式 diag(V，k)，其功能是产生一个 n×n（n=m+k）对角阵，其第 k 条对角线的元素即为向量 V 的元素。

例 2-10　先建立 5×5 矩阵 A，然后将 A 的第一行元素乘以 1，第二行乘以 2，…，第五行乘以 5。

A=[17，0，1，0，15；23，5，7，14，16；4，0，13，0，22；10，12，19，21，3；11，18，25，2，19]；

D=diag(1：5)；

D*A%用 D 左乘 A，对 A 的每行乘以一个指定常数。

2．三角阵

三角阵又进一步分为上三角阵和下三角阵。所谓上三角阵，即矩阵的对角线以下的元素全为 0 的一种矩阵，而下三角阵则是对角线以上的元素全为 0 的一种矩阵。

（1）上三角矩阵。

求矩阵 A 的上三角阵的 MATLAB 函数是 triu(A)。triu(A)函数也有另一种形式 triu(A，k)，其功能是提取矩阵 A 的第 k 条对角线以上的元素。例如，提取矩阵 A 的第 2 条对角线以上的元素，形成新的矩阵 B。

B=triu(A，2)

（2）下三角矩阵。

在 MATLAB 中，提取矩阵 A 的下三角矩阵的函数是 tril(A)和 tril(A，k)，其用法与提取上三角矩阵的函数 triu(A)和 triu(A，k)完全相同。

2.5.2　矩阵的转置与旋转

1．矩阵的转置

转置运算符是单撇号（'）。

2．矩阵的旋转

利用函数 rot90(A，k)将矩阵 A 逆时针旋转 90°的 k 倍，当 k 为 1 时可省略。

3．矩阵的左右翻转

对矩阵实施左右翻转是将原矩阵的第一列和最后一列调换，第二列和倒数第二列调换，…，依次类推。MATLAB 对矩阵 A 实施左右翻转的函数是 fliplr(A)。

4．矩阵的上下翻转

MATLAB 对矩阵 A 实施上下翻转的函数是 flipud(A)。

2.5.3　矩阵的逆与伪逆

1．矩阵的逆

对于一个方阵 A，如果存在一个与其同阶的方阵 B，使得 A·B=B·A=I（I 为单位矩阵），则称 B 为 A 的逆矩阵，当然，A 也是 B 的逆矩阵。

求一个矩阵的逆是一件非常烦琐的工作，容易出错，但在 MATLAB 中，求一个矩阵的逆非常容易。求方阵 A 的逆矩阵可调用函数 inv(A)。

例 2-11　用求逆矩阵的方法解线性方程组。

Ax=b

其解为：

x=A^{-1}b

2．矩阵的伪逆

如果矩阵 A 不是一个方阵，或者 A 是一个非满秩的方阵时，矩阵 A 没有逆矩阵，但可以找到一个与 A 的转置矩阵 A' 同型的矩阵 B，使得：

A·B·A=A

B·A·B=B

此时称矩阵 B 为矩阵 A 的伪逆，也称为广义逆矩阵。

在 MATLAB 中，求一个矩阵伪逆的函数是 pinv(A)。

2.5.4   方阵的行列式

把一个方阵看作一个行列式，并对其按行列式的规则求值，这个值就称为矩阵所对应的行列式的值。在 MATLAB 中，求方阵 A 所对应的行列式的值的函数是 det(A)。

2.5.5   矩阵的秩与迹

1．矩阵的秩

矩阵线性无关的行数与列数称为矩阵的秩。在 MATLAB 中，求矩阵秩的函数是 rank(A)。

2．矩阵的迹

矩阵的迹等于矩阵的对角线元素之和，也等于矩阵的特征值之和。在 MATLAB 中，求矩阵的迹的函数是 trace(A)。

2.5.6   向量和矩阵的范数

矩阵或向量的范数用来度量矩阵或向量在某种意义下的长度。范数有多种定义方法，其定义不同，范数值也就不同。

1．向量的 3 种常用范数及其计算函数

在 MATLAB 中，求向量范数的函数为：

（1）norm(V)或 norm(V，2)：计算向量 V 的 2-范数。

（2）norm(V，1)：计算向量 V 的 1-范数。

（3）norm(V，inf)：计算向量 V 的∞-范数。

2．矩阵的范数及其计算函数

MATLAB 提供了 3 种求矩阵范数的函数，其函数调用格式与求向量的范数的函数完全相同。

2.5.7   矩阵的条件数

在 MATLAB 中，计算矩阵 A 的 3 种条件数的函数是：

（1）cond（A，1）：计算 A 的 1-范数下的条件数。

（2）cond（A）或 cond（A，2）：计算 A 的 2-范数下的条件数。

（3）cond（A，inf）：计算 A 的∞-范数下的条件数。

2.5.8 矩阵的特征值与特征向量

在 MATLAB 中，计算矩阵 A 的特征值和特征向量的函数是 eig（A），常用的调用格式有 3 种：

（1）E=eig(A)：求矩阵 A 的全部特征值，构成向量 E。

（2）[V，D]=eig(A)：求矩阵 A 的全部特征值，构成对角阵 D，并求 A 的特征向量构成 V 的列向量。

（3）[V，D]=eig(A，'nobalance')：与第 2 种格式类似，但第 2 种格式中先对 A 作相似变换后求矩阵 A 的特征值和特征向量，而格式 3 直接求矩阵 A 的特征值和特征向量。

例 2-12 用求特征值的方法解方程 $3x^5-7x^4+5x^2+2x-18=0$。

p=[3，-7，0，5，2，-18]；

A=compan(p)；%A 的伴随矩阵

x1=eig(A)；%求 A 的特征值

x2=roots(p)；%直接求多项式 p 的零点

2.6 矩阵的超越函数

1．矩阵平方根 sqrtm

sqrtm(A)计算矩阵 A 的平方根。

2．矩阵对数 logm

logm(A)计算矩阵 A 的自然对数。此函数输入参数的条件与输出结果间的关系和函数 sqrtm(A)完全一样。

3．矩阵指数 expm、expm1、expm2、expm3

expm(A)、expm1(A)、expm2(A)、expm3(A)的功能都是求矩阵指数 e^A。

4．普通矩阵函数 funm

funm(A，'fun')用来计算直接作用于矩阵 A 的由'fun'指定的超越函数值。当 fun 取 sqrt 时，funm(A，'sqrt')可以计算矩阵 A 的平方根，与 sqrtm(A)的计算结果一样。

2.7 字符串

在 MATLAB 中，字符串是用单撇号括起来的字符序列。MATLAB 将字符串当作一个行向量，每个元素对应一个字符，其标识方法和数值向量相同，也可以建立多行字符串矩阵。字符串是以 ASCII 码形式存储的。abs 和 double 函数都可以用来获取字符串矩阵所对应的 ASCII 码数值矩阵。相反，char 函数可以把 ASCII 码矩阵转换为字符串矩阵。

例 2-13　建立一个字符串向量，然后对该向量做如下处理：

（1）取第 1~5 个字符组成的子字符串。

（2）将字符串倒过来重新排列。

（3）将字符串中的小写字母变成相应的大写字母，其余字符不变。

（4）统计字符串中小写字母的个数。

命令如下：

ch='ABc123d4e56Fg9'；

subch=ch(1：5)；%取子字符串

revch=ch(end：-1：1)；%将字符串倒排

k=find(ch>='a'&ch<='z')；%找小写字母的位置

ch(k)=ch(k)-('a'-'A')；%将小写字母变成相应的大写字母

char（ch）；

length（k）；%统计小写字母的个数

与字符串有关的另一个重要函数是 eval，其调用格式为：

eval(t)

其中 t 为字符串。它的作用是把字符串的内容作为对应的 MATLAB 语句来执行。

2.8　结构数据和单元数据

2.8.1　结构数据

1．结构矩阵的建立与引用

结构矩阵的元素可以是不同的数据类型，它能将一组具有不同属性的数据纳入到一个统一的变量名下进行管理。建立一个结构矩阵可采用给结构成员赋值的办法。具体格式为：

结构矩阵名.成员名=表达式

其中表达式应理解为矩阵表达式。

2．结构成员的修改

可以根据需要增加或删除结构的成员。例如要给结构矩阵 a 增加一个成员 x4，可给 a 中任意一个元素增加成员 x4：

a(1).x4='410075'；

但其他成员均为空矩阵，可以使用赋值语句给它赋确定的值。要删除结构的成员，则可以使用 rmfield 函数来完成。例如，删除成员 x4：

a=rmfield(a，'x4')；

3．关于结构的函数

除了一般的结构数据的操作外，MATLAB 还提供了部分函数来进行结构矩阵的操作。

2.8.2 单元数据

1．单元矩阵的建立与引用

建立单元矩阵和一般矩阵相似，只是矩阵元素用大括号括起来。可以用带有大括号下标的形式引用单元矩阵元素。例如 b{3，3}。单元矩阵的元素可以是结构或单元数据。

可以使用 celldisp 函数来显示整个单元矩阵，如 celldisp(b)。还可以删除单元矩阵中的某个元素。

2．关于单元的函数

MATLAB 还提供了部分函数用于单元的操作。

2.9 稀疏矩阵

2.9.1 矩阵存储方式

MATLAB 的矩阵有两种存储方式：完全存储方式和稀疏存储方式。

1．完全存储方式

完全存储方式是将矩阵的全部元素按列存储。以前讲到的矩阵的存储方式都是按这个方式存储的，此存储方式对稀疏矩阵也适用。

2．稀疏存储方式

稀疏存储方式仅存储矩阵所有的非零元素的值及其位置，即行号和列号。在 MATLAB 中，稀疏存储方式也是按列存储的。

注意，在讲稀疏矩阵时，有两个不同的概念，一是指矩阵的 0 元素较多，该矩阵是一个具有稀疏特征的矩阵，二是指采用稀疏方式存储的矩阵。

2.9.2 稀疏存储方式的产生

1．将完全存储方式转化为稀疏存储方式

函数 A=sparse(S)将矩阵 S 转化为稀疏存储方式的矩阵 A。当矩阵 S 是稀疏存储方式时，则函数调用相当于 A=S。

sparse 函数还有其他一些调用格式：

（1）sparse(m，n)：生成一个 m×n 的所有元素都是 0 的稀疏矩阵。

（2）sparse(u，v，S)：u，v，S 是 3 个等长的向量。S 是要建立的稀疏矩阵的非 0 元素，u(i)、v(i)分别是 S(i)的行和列下标，该函数建立一个 max(u)行、max(v)列并以 S 为稀疏元素的稀疏矩阵。

此外，还有一些和稀疏矩阵操作有关的函数。例如：

（1）[u，v，S]=find(A)：返回矩阵 A 中非 0 元素的下标和元素。这里产生的 u，v，S 可作为 sparse(u，v，S)的参数。

（2）full(A)：返回和稀疏存储矩阵 A 对应的完全存储方式矩阵。

2. 产生稀疏存储矩阵

只把要建立的稀疏矩阵的非 0 元素及其所在行和列的位置表示出来，由 MATLAB 自己产生其稀疏存储，这需要使用 spconvert 函数。调用格式为：

B=spconvert(A)

其中 A 为一个 m×3 或 m×4 的矩阵，其每行表示一个非 0 元素，m 是非 0 元素的个数，A 中每个元素的意义是：

(i，1)：第 i 个非 0 元素所在的行。

(i，2)：第 i 个非 0 元素所在的列。

(i，3)：第 i 个非 0 元素值的实部。

(i，4)：第 i 个非 0 元素值的虚部，若矩阵的全部元素都是实数，则无须第四列。

该函数将 A 所描述的一个稀疏矩阵转化为一个稀疏存储矩阵。

例 2-15 根据表示稀疏矩阵的矩阵 A，产生一个稀疏存储方式矩阵 B。

命令如下：

A=[2，2，1；3，1，−1；4，3，3；5，3，8；6，6，12]；

B=spconvert(A)；

3. 带状稀疏存储矩阵

可用 spdiags 函数产生带状稀疏矩阵的稀疏存储，其调用格式是：

A=spdiags(B，d，m，n)

其中，参数 m，n 为原带状矩阵的行数与列数。B 为 r×p 阶矩阵，这里 r = min(m，n)，p 为原带状矩阵所有非零对角线的条数，矩阵 B 的第 i 列即为原带状矩阵的第 i 条非零对角线。

4. 单位矩阵的稀疏存储

单位矩阵只有对角线元素为 1，其他元素都为 0，是一种具有稀疏特征的矩阵。函数 eye 产生一个完全存储方式的单位矩阵。MATLAB 还有一个产生稀疏存储方式的单位矩阵的函数，这就是 speye。函数 speye(m，n)返回一个 m×n 的稀疏存储单位矩阵。

2.9.3 稀疏矩阵应用举例

稀疏存储矩阵只是矩阵的存储方式不同，它的运算规则与普通矩阵是一样的。所以，在运算过程中，稀疏存储矩阵可以直接参与运算。当参与运算的对象不全是稀疏存储矩阵时，所得结果一般是完全存储形式。

2.10 MATLAB 常用数学函数

2.10.1 三角函数

三角函数符号及名称如表 2-2 所示。

表 2-2　三角函数说明表

符号	名称	符号	名称
sin(x)	正弦	asin(x)	反正弦
cos(x)	余弦	acos(x)	反余弦
tan(x)	正切	atan(x)	反正切
cot(x)	余切	acot(x)	反余切
sec(x)	正割	asec(x)	反正割
csc(x)	余割	acsc(x)	反余割

注：只要给 x 赋予实值或复值，运行即可输出函数值，例：sin(pi/3)，cos(5)，但 x 一般取复数矩阵。

2.10.2　双曲函数

双曲函数符号及名称见表 2-3。

表 2-3　双曲函数说明表

符号	名称	符号	名称
cosh(x)	双曲余弦	acosh(x)	反双曲余弦
tanh(x)	双曲正切	atanh(x)	反双曲正切
coth(x)	双曲余切	acoth(x)	反双曲余切
sech(x)	双曲正割	asech(x)	反双曲正割
csch(x)	双曲余割	acsch(x)	反双曲余割

注：只要给 x 赋予实值，运行可输出函数值例：tanh（-2），asech（-3），但 x 通常取矩阵。

2.10.3　三角函数与双曲函数的操作

1. 函数 sin、sinh

（1）功能：正弦函数与双曲正弦函数

（2）格式：

Y = sin(X)　%计算参量 X（可以是向量、矩阵，元素可以

是复数）中每一个角度分量的正弦值 Y，所有分量的角度单位为弧度。

Y = sinh(X)　%计算参量 X 的双曲正弦值 Y。

几点补充说明：

（1）sin(pi)并不是零，而是与浮点精度有关的无穷小量 eps，因为 pi 仅仅是精确值 π 浮点近似的表示值而已；

（2）对于复数 z= x+iy，函数的定义为：

sin(x+iy)= sin(x)*cos(y)+ i*cos(x)*sin(y);

$$\sin(z) = \frac{e^{iz} - e^{-iz}}{2i}, \quad \sinh(z) = \frac{e^{z} - e^{-z}}{2}$$

例 2-16　x =-pi：0.01：pi；plot(x，sin(x))

x =-5：0.01：5；plot(x，sinh(x))

图形结果如图 2-1（a），2-1（b）所示。

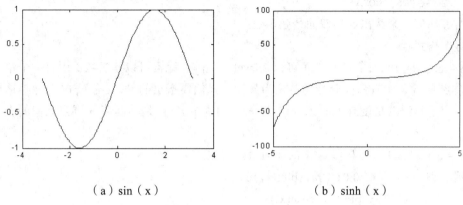

（a）sin（x）　　　　　　　　　　（b）sinh（x）

图 2-1　例 2-16 图形结果

2. 函数 asin、asinh

（1）功能：反正弦函数与反双曲正弦函数。

（2）格式：

Y = asin(X)%返回参量 X（可以是向量、矩阵，元素可以是复数）中每一个元素的反正弦函数值 Y。若 X 中有的分量处于[-1，1]之间，则 Y=asin(X)对应的分量处于$[-\pi/2, \pi/2]$之间，若 X 中有分量在区间[-1，1]之外，则 Y= asin(X)对应的分量为复数。

Y = asinh(X)%返回参量 X 中每一个元素的反双曲正弦函数值 Y

例 2-17　x =-1：.01：1；plot(x，asin(x))

x =-5：.01：5；plot(x，asinh(x))

图形结果如图 2-2（a）、2-2（b）所示。

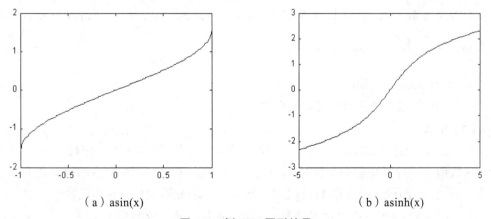

（a）asin(x)　　　　　　　　　　（b）asinh(x)

图 2-2　例 2-17 图形结果

若 X 为复数 z=x+iy，则反正弦函数与反双曲正弦函数的定义为：

$$a\sin z = -i \cdot \ln(i \cdot z + \sqrt{1 - z^2})$$

$$a\sinh z = \ln(z + \sqrt{1 + z^2})$$

3. 函数 cos、cosh

（1）功能：余弦函数与双曲余弦函数

（2）格式：

Y = cos（X）%计算参量 X（可以是向量、矩阵，元素可以是复数）中每一个角度分量的余弦值 Y，所有角度分量的单位为弧度。我们要指出的是，cos（pi/2）并不是精确的零，而是与浮点精度有关的无穷小量 eps，因为 pi 仅仅是精确值 π 浮点近似的表示值而已。

Y = cosh（X）%计算参量 X 的双曲余弦值 Y。

例 2-18　x = -pi：0.01：pi；plot(x，cos(x))

x = -5：0.01：5；plot(x，cosh(x))

图形结果如图 2-3（a）、2-3（b）所示。

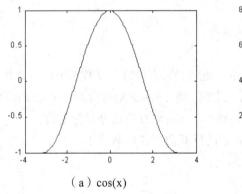
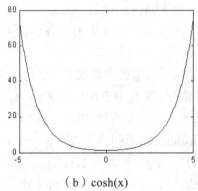

（a）cos(x)　　　　　　（b）cosh(x)

图 2-3　例 2-18 图形结果

若 X 为复数 z= x+iy，则函数定义为：cos(x+iy)= cos(x)*cos(y)+ i*sin(x)*sin(y)；即

$$\cos z = \frac{e^{iz} + e^{-iz}}{2}, \quad \cosh z = \frac{e^z + e^z}{2}$$

4. 函数 acos、acosh

（1）功能：反余弦函数与反双曲余弦函数。

（2）格式：

Y = acos(X)%返回参量 X（可以是向量、矩阵，元素可以是复数）中每一个元素的反余弦函数值 Y。若 X 中有的分量处于[-1，1]之间，则 Y = acos(X)对应的分量处于[0，π]之间，若 X 中有分量在区间[-1，1]之外，则 Y = acos(X)对应的分量为复数。

Y = asinh（X）%返回参量 X 中每一个元素的反双曲余弦函数 Y

例 2-19　x = -1：.01：1；plot(x，acos(x))

x = −5∶.01∶5；plot(x，acosh(x))

图形结果为如图 2-4（a）、2-4（b）所示。

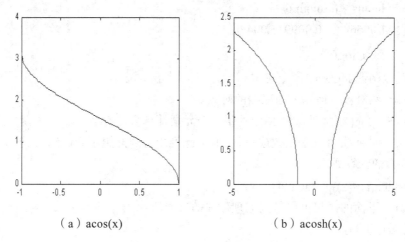

（a）acos(x)　　　　　　　（b）acosh(x)

图 2-4　例 2-19 图形结果

反余弦函数与反双曲余弦函数定义为：

$$a\cos z = -i \cdot \ln(i \cdot z + i \cdot \sqrt{1-z^2})，\quad a\cosh z = \ln(z + \sqrt{z^2 - 1})$$

2.10.4　指数函数、对数函数及复函数

指数函数、对数函数及复函数名称及含义如表 2-4 所示。

表 2-4　指数函数、对数函数及复函数说明

名称	exp(x)	log(x)	log10(x)	abs(x)
含义	e 为底的指数函数	e 为底的对数函数	10 为底的对数函数	X 的模
名称	angle(x)	real(x)	imag(x)	conj(x)
含义	X 的幅角	X 的实部	X 的虚部	X 的共轭

例：exp（−2−5i），abs（3+4i），imag（1+2i），conj（−1+8i），log（−1+3i）。

1. 指数函数　exp（x）

（1）功能：以 e 为底数的指数函数。

（2）格式：Y = exp(X)%对参量 X 的每一分量，求以 e 为底数的指数函数 Y。X 中的分量可以为复数。对于复数分量如 z = x +iy，则相应地计算式为：ez = ex*(cos(y)+ i*sin(y))。

例 2-20

A = [−1.9，−0.2，3.1415926，5.6，7.0，2.4+3.6i]；

Y = exp(A)

计算结果为：

Y =

　　1.0e+003 *

Columns 1 through 4

    0.0001   0.0008   0.0231   0.2704

Columns 5 through 6

    1.0966   −0.0099−0.0049i

2. 对数函数 log(x)

（1）对数函数 log(x)的命令应用。

功能：自然对数，即以 e 为底数的对数。

格式：Y = log(X) %对参量 X 中的每一个元素计算自然对数。

其中 X 中的元素可以是复数或负数，但由此可能得到意想不到的结果。若 z = x + i*y，则 log 对复数的计算如下：

log(z)= log(abs(z))+ i*atan2(y，x)

例 2-21　　下面的语句可以得到无理数 π 的近似值：

Pi = abs(log(-1))

计算结果为：

Pi =

    3.1416

（2）以 10 为底的对数函数 log10(A)。

功能：常用对数，即以 10 为底数的对数。

格式：Y = log10(X)　　%计算 X 中的每一个元素的常用对数，若 X 中出现复数，则可能得到意想不到的结果。

例 2-22

L1 = log10(realmax) %由此可得特殊变量 realmax 的近似值

L2 = log10(eps) %由此可得特殊变量 eps 的近似值

M = magic(4);

L3 = log10(M)

计算结果为：

L1 = 308.2547

L2 = −15.6536

L3 = 1.2041   0.3010   0.4771   1.1139

0.6990   1.0414   1.0000   0.9031

0.9542   0.8451   0.7782   1.0792

0.6021   1.1461   1.1761   0

3. 复数的求模函数 abs(X)

（1）功能：数值的绝对值与复数的模。

（2）格式：Y = abs(X)%返回矩阵 X 的每一个元素的绝对值。若 X 为复数矩阵，则返回每一元素的模：abs(X)，即

sqrt(real(X).^2+imag(X).^2)。

例 2-23

A = [-1.9，-0.2，3.1415926，5.6，7.0，2.4+3.6i]；

Y = abs(A)

计算结果为：

Y =1.9000   0.2000   3.1416   5.6000   7.0000   4.3267

4. 复数的共轭函数   conj(Z)

（1）功能：复数的共轭值。

（2）格式：ZC = conj(Z)   %返回参量 Z 的每一个分量的共轭复数：

conj(Z)= real(Z)- i*imag(Z)

5. 复数的虚部函数   imag (Z)

（1）功能：复数的虚数部分。

（2）格式：Y = imag(Z)%返回输入参量 Z 的每一个分量的虚数部分。

例 2-24

imag(2+3i)

计算结果为：ans = 3

6. 复数的实数函数 real (Z)

（1）功能：复数的实数部分。

（2）格式：Y = real(Z)%返回输入参量 Z 的每一个分量的实数部分。

例 2-25

real(2+3i)

计算结果为：ans =2

7. 复数的幅角函数 angle (Z)

（1）功能：复数的相角。

（2）格式：P =angle(Z) %返回输入参量 Z 的每一复数元素的、单位为弧度的相角，其值在区间[-π，π]上。

说明   angle(Z)= imag(log(Z))

$$= atan2(imag(Z)，real(Z))$$

例 2-26

Z =[1-i，2+i，3-i，4+i；

1+2i，2-2i，3+2i，4-2i；

1-3i，2+3i，3-3i，4+3i]；

Angle(Z)=

-0.7854   0.4636   -0.3218   0.2450

1.1071   -0.7854   0.5880   -0.4636

-1.2490   0.9828   -0.7854   0.6435

8. 生成复函数 complex

（1）功能：用实数与虚数部分创建复数。

（2）格式：

c = complex(a，b)%用两个实数 a，b 创建复数 c=a+bi。输出参量 c 与 a、b 同型（同为向量、矩阵、或多维阵列）。该命令比下列形式的复数输入更有用：a + i*b 或 a + j*b，因为 i 和 j 可能被用做其他的变量（不等于 sqrt（-1）），或者 a 和 b 不是双精度的。

c = complex(a)%输入参量 a 作为输出复数 c 的实部，其虚部为 0：c = a+0*i。

例 2-27

a = uint8([1；2；3；4])；%非符号 8-bit 整数型数据

b = uint8([4；3；2；1])；

c = complex（a，b）

计算结果为：

c = 1.0000 + 4.0000i

　2.0000 + 3.0000i

　3.0000 + 2.0000i

　4.0000 + 1.0000i

2.10.5 Matlab 的圆整函数和求余函数

圆整函数和求余函数说明如表 2-5 所示。

表 2-5 圆整函数和求余函数说明

名称	含义	名称	含义
ceil(x)	向正无穷大圆整	mod(x，y)	除模取余
floor(x)	向负无穷大圆整	rem(x，y)	求余数
round(x)	向靠近整数圆整	sign(x)	符号函数
fix(x)	向零圆整	sqrt(x)	平方根函数

例：floor(2.6)=2，ceil(-3.5)=3，mod(7，3)=1。

1. 圆整函数 fix

（1）功能：朝零方向取整。

（2）格式：B = fix(A) %对 A 的每一个元素朝零的方向取整数部分，返回与 A 同维的数组。对于复数参量 A，则返回一复数，其分量的实数与虚数部分分别取原复数的、朝零方向的整数部分。

例 2-28

A = [-1.9，-0.2，3.1415926，5.6，7.0，2.4+3.6i]；

B = fix(A)

计算结果为：

B =

Columns 1 through 4

　−1.0000　　　0　　　3.0000　　　5.0000

Columns 5 through 6

　7.0000　　　　2.0000 + 3.0

2. 圆整函数 round

（1）功能：朝最近的方向取整。

（2）格式：Y = round(X)%对 X 的每一个元素朝最近的方向取整数部分，返回与 X 同维的数组。对于复数参量 X，则返回一复数，其分量的实数与虚数部分分别取原复数的、朝最近方向的整数部分。

例 2-29

A = [−1.9，−0.2，3.1415926，5.6，7.0，2.4+3.6i];

Y = round(A)

计算结果为：

Y =

Columns 1 through 4

　−2.0000　　　　0　　　　　3.0000　　　　6.0000

Columns 5 through 6

　7.0000　　　　2.0000 + 4.0000i

3. 圆整函数 floor

（1）功能：朝负无穷大方向取整。

（2）格式：B = floor(A)　%对 A 的每一个元素朝负无穷大的方向取整数部分，返回与 A 同维的数组。对于复数参量 A，则返回一复数，其分量的实数与虚数部分分别取原复数的、朝负无穷大方向的整数部分。

例 2-30

A = [−1.9，−0.2，3.1415926，5.6，7.0，2.4+3.6i];

F = floor(A)

计算结果为：

F = Columns 1 through 4

　−2.0000　　−1.0000　　3.0000　　5.0000

Columns 5 through 6

　7.0000　　　　2.0000 + 3.0000i

4. 圆整函数 ceil

（1）功能：朝正无穷大方向取整。

（2）格式：B = floor(A)%对 A 的每一个元素朝正无穷大的方向取整数部分，返回与 A 同维的数组。对于复数参量 A，则返回一复数，其分量的实数与虚数部分分别取原复数的、朝正无穷大方向的整数部分。

例 2-31

A = [-1.9，-0.2，3.1415926，5.6，7.0，2.4+3.6i];

B = ceil(A)

计算结果为：

B =

    Columns 1 through 4

    -1.0000   0   4.0000   6.0000

    Columns 5 through 6

    7.0000   3.0000 + 4.0000i

5. 取余数函数 rem

（1）功能：求作除法后的剩余数（正负均可）。

（2）格式：R = rem(X，Y)%返回结果：X-fix(X./Y).*Y

其中 X、Y 应为整数。若 X、Y 为浮点数，由于计算机对浮点数的表示的不精确性，则结果将可能是不可意料的。fix(X./Y)为商数 X./Y 朝零方向取的整数部分。若 X 与 Y 为同符号的，则 rem(X，Y)返回的结果与 mod(X，Y)相同，不然，若 X 为负数，则 rem(X，Y)= mod(X，Y)-Y。该命令返回的结果在区间

[sign(X)*abs(Y)，0]，

若 Y 中有零分量，则相应地返回 NaN。

6. 取余函数 mod

（1）功能：模数（带符号的除法余数）。

（2）用法：M = mod(X,Y)%输入参量 X、Y 应为整数，此时返回余数 X-Y.*floor(X./Y)，其结果总是正数或零。

若运算数 X 与 Y 有相同的符号，则 mod(X，Y)等于 rem(X，Y)。总之，对于整数 X，Y，有：mod(-X，Y)= rem(-X，Y)+Y。若输入为实数或复数，由于浮点数在计算机上的不精确表示，该操作将导致不可预测的结果。

例 2-32

M1 = mod(13，5)

M2 = mod([1：5]，3)

计算结果为：

M1 =   3

M2 =   1   2   0   1   2

7. 组合函数 nchoosek

功能：二项式系数或所有的组合数。该命令只有对 n<15 时有用。

（1）函数 C = nchoosek(n，k)

%参量 n，k 为非负整数时，返回一次从 n 个物体中取出 k 个的组合数：

$$C_n^k = \frac{n!}{k!(n-k)!}$$

（2）函数 C = nchoosek(v，k)

%参量 v 为 n 维向量，返回一矩阵，其行向量的分量为一次性从 v 个物体中取 k 个物体的组合构成的矩阵。矩阵 C 包含 n!/((n-k)! k!)行与 k 列。

例 2-33

C = nchoosek(2：2：10，4)%5 个元素中随机取 4 个的组合矩阵

计算结果为：

C =

2	4	6	8
2	4	6	10
2	4	8	10
2	6	8	10
4	6	8	10

8. 按升序重新排序函数 sort

（1）功能：把输入参量中的元素按从小到大的方向重新排列。

（2）格式：

B = sort(A) %沿着输入参量 A 的不同维的方向、从小到大重新排列 A 中的元素。A 可以是字符串的、实数的、复数的单元数组。对于 A 中完全相同的元素，则按它们在 A 中的先后位置排列在一块；若 A 为复数形式，则按元素幅值的从小到大排列，若有幅值相同的复数元素，则再按它们在区间[$-\pi$，π]的幅角从小到大排列；若 A 中有元素为 NaN，则将它们排到最后。若 A 为向量，则返回从小到大的向量；若 A 为二维矩阵，则按列的方向进行排列；若 A 为多维数组，sort(A)把沿着第一非单元集的元素像向量一样进行处理。

B = sort(A，dim)%沿着矩阵 A（向量的、矩阵的或多维的）中指定维数 dim 方向重新排列 A 中的元素。

[B，INDEX] = sort(A，…)%输出参量 B 的结果如同上面的情形，输出 INDEX 是一等于 size(A)的数组，它的每一列是与 A 列向量的元素相对应的置换向量。若 A 中有重复出现的相同的值，则返回保存原来相对位置的索引。

例 2-35

A = [-1.9，-2，3.1415926，5.6，7.0，2.4+3.6i]；

[B1，INDEX] = sort(A)

M = magic(4)；

B2 = sort(M)%逐列从小到大给出排序

计算结果为：

B1 =

　　Columns 1 through 4

－0.2000　　－1.9000　　3.1416　　　　2.4000 + 3.6000i
　　Columns 5 through 6
　　5.6000　　　　7.0000
INDEX =
　　　　2　　　1　　　3　　　6　　　4　　　5
B2 =
　　　4　　　2　　　3　　　1
　　　5　　　7　　　6　　　8
　　　9　　　11　　　10　　　12

2.11　矩阵的运算与分解

2.11.1　矩阵的运算命令

（1）方阵的行列式：det(A)；

（2）方阵的逆：inv(A)；

（3）矩阵的迹：trace(A)；

（4）矩阵的秩：rank(A)；

（5）矩阵和向量的范数：norm(A)%欧几里德范数；

norm(x，inf)%无穷范数；

（6）向量 p 的最大元素：max(p)；

（7）矩阵 A 的最大元素：max(max(A))。

2.11.2　矩阵分解

（1）LU 分解：[L，U]=lu(X)

满足 LU=XU 为上三角阵，L 为下三角阵或其变换形式；

（2）QR 分解：[Q，R]=qr(A)

求得正交矩阵 Q 和上三角阵 R，Q 和 R 满足：QR=A；

（3）特征值分解：[V，D]=eig(A)

计算 A 的特征值对角阵 D 和特征向量 V，使 AV=VD 成立；

（4）SVD 分解：[U，S，V]=svd(A)

在分解式 A=U*S*V 中，S 是一个对角矩阵。

2.11.3　矩阵运算练习

例 2-34：设 A =[3 2 1 4；2 5 5 7；1 5 5 9；4 7 9 1]；

求下列各式的结果；

A1=sqrt(A)；　　　　　　　%对矩阵 A 各元素开方

```
A2=det(A);              %求 A 的行列式
A3=inv(A);              %求 A 的逆矩阵
a1=trace(A);            %求 A 的迹
[V，D]=eig(A);          %求 A 的特征向量与特征根；
a2=norm(A);             %求 A 的正规范数
a3=norm(A(：));         %求 A 拉成一列时的范数
```

例 2-35：矩阵的分解练习。

```
clear
A=rand(5)               %产生 5 阶随机矩阵 A
[U，S，V]=svd(A);       %对 A 做奇异值分解
A8=U*U';                %验证 U 为正交矩阵
A9=V*V';                %验证 V 为正交矩阵
[L，U]=lu(A);           %对 A 作 L U 分解
[Q，R]=qr(A);           %对 A 作 Q R 分解
B1=Q*Q';                %验证 U 为正交矩阵
A10=hilb(6) ;           %生成 6 阶 HILB 矩阵
[V，D]=eig(A10);        %求 A 10 特征向量与根
B2=V*V';                %验证 V 是否是正交矩阵
```

情景三　MATLAB 程序设计

3.1　M 文件

3.1.1　M 文件概述

用 MATLAB 语言编写的程序，称为 M 文件。M 文件可以根据调用方式的不同分为两类：命令文件（Script File）和函数文件（Function File）。

例 3-1　分别建立命令文件和函数文件，将华氏温度 f 转换为摄氏温度 c。

程序 1：

首先建立命令文件并以文件名 f2c.m 存盘。

```
clear; %清除工作空间中的变量
f=input('Input Fahrenheit temperature: ');
c=5*(f-32)/9
```

然后在 MATLAB 的命令窗口中输入 f2c，将会执行该命令文件，执行情况为：

```
Input Fahrenheit temperature: 73
c =
    22.7778
```

程序 2：

首先建立函数文件 f2c.m。

```
function c=f2c(f)
c=5*(f-32)/9
```

然后在 MATLAB 的命令窗口调用该函数文件。

```
clear;
y=input('Input Fahrenheit temperature: ');
x=f2c(y)
```

输出情况为：

```
Input Fahrenheit temperature: 70
c =
    21.1111
x =
    21.1111
```

3.1.2 M 文件的建立与打开

M 文件是一个文本文件，它可以用任何编辑程序来建立和编辑，而一般常用且最为方便的是使用 MATLAB 提供的文本编辑器。

1. 建立新的 M 文件

为建立新的 M 文件，启动 MATLAB 文本编辑器有 3 种方法：

（1）菜单操作。从 MATLAB 主窗口的"File"菜单中选择"New"菜单项，再选择 M-file 命令，屏幕上将出现 MATLAB 文本编辑器窗口。

（2）命令操作。在 MATLAB 命令窗口输入命令"edit"，启动 MATLAB 文本编辑器后，输入 M 文件的内容并存盘。

（3）命令按钮操作。单击 MATLAB 主窗口工具栏上的"New M-File"命令按钮，启动 MATLAB 文本编辑器后，输入 M 文件的内容并存盘。

2. 打开已有的 M 文件

打开已有的 M 文件，也有 3 种方法：

（1）菜单操作。从 MATLAB 主窗口的"File"菜单中选择"Open"命令，则屏幕出现"Open"对话框，在"Open"对话框中选中所需打开的 M 文件。在文档窗口可以对打开的 M 文件进行编辑修改，编辑完成后，将 M 文件存盘。

（2）命令操作。在 MATLAB 命令窗口输入命令：edit 文件名，则打开指定的 M 文件。

（3）命令按钮操作。单击 MATLAB 主窗口工具栏上的"Open File"命令按钮，再从弹出的对话框中选择所需打开的 M 文件。

3.2 程序控制结构

3.2.1 顺序结构

1. 数据的输入

从键盘输入数据，则可以使用 input 函数来进行，该函数的调用格式为：

A=input(提示信息，选项)；

其中，提示信息为一个字符串，用于提示用户输入什么样的数据。如果在 input 函数调用时采用 's' 选项，则允许用户输入一个字符串。例如，想输入一个人的姓名，可采用命令：

xm=input('What"s your name?'，'s')；

2. 数据的输出

MATLAB 提供的命令窗口输出函数主要有 disp 函数，其调用格式为：

disp(输出项)；

其中，输出项既可以为字符串，也可以为矩阵。

例 3-2　输入 x，y 的值，并将它们的值互换后输出。

程序如下：

```
x=input（'Input x please.'）;
y=input（'Input y please.'）;
z=x;
x=y;
y=z;
disp(x);
disp(y);
```

例 3-3　求一元二次方程 $ax^2+bx+c=0$ 的根。

程序如下：

```
a=input('a=?');
b=input('b=?');
c=input('c=?');
d=b*b-4*a*c;
x=[(-b+sqrt(d))/(2*a), (-b-sqrt(d))/(2*a)]; disp(['x1=', num2str(x(1)), ', x2=', num2str(x(2))]);
```

3．程序的暂停

暂停程序的执行可以使用 pause 函数，其调用格式为：

pause(延迟秒数);

如果省略延迟时间，直接使用 pause，则将暂停程序，直到用户按任一键后程序继续执行。若要强行中止程序的运行可使用 Ctrl+C 命令。

3.2.2　选择结构

1．if 语句

在 MATLAB 中，if 语句有 3 种格式。

（1）单分支 if 语句：

if 条件

　　语句组

end

当条件成立时，则执行语句组，执行完之后继续执行 if 语句的后继语句；若条件不成立，则直接执行 if 语句的后继语句。

（2）双分支 if 语句：

if 条件

　　语句组 1

else

　　语句组 2

end

当条件成立时，执行语句组 1，否则执行语句组 2，语句组 1 或语句组 2 执行后，再执行 if 语句的后继语句。

例 3-4　计算分段函数的值。

程序如下：

```
x=input('请输入 x 的值：');
if x<=0
y=(x+sqrt(pi))/exp(2);
else
y=log(x+sqrt(1+x*x))/2;
end
Y
```

（3）多分支 if 语句：

```
if 条件 1
    语句组 1
elseif 条件 2
    语句组 2
……
elseif 条件 m
    语句组 m
else
    语句组 n
end
```

语句用于实现多分支选择结构。

语句格式：

```
if 条件 1              %给出条件 1
  命令 1；            %执行命令 1
elseif 条件 2          %给出条件 1
    命令 2；          %执行命令 2
……
elseif 条件 n-1        %给出条件 1
    命令 n-1；        %执行命令 n-1
else                  %其余条件不写出；
    命令 n；          %执行命令 n；
end                   %结束
```

例 3-5　输入一个字符，若为大写字母，则输出其对应的小写字母；若为小写字母，则输出其对应的大写字母；若为数字字符则输出其对应的数值，若为其他字符则原样

039

输出。

```
c=input('请输入一个字符', 's');
if c>='A' & c<='Z'
    disp(setstr(abs(c)+abs('a')-abs('A')));
elseif c>='a'& c<='z'
    disp(setstr(abs(c)-abs('a')+abs('A')));
elseif c>='0'& c<='9'
    disp(abs(c)-abs('0'));
else
    disp(c);
end
```

例 3-6：设 A=[cos(100)，cos(200)，cos(300)，cos(400)，cos(500)]，把 A 中的正数和负数分别放入两个矩阵中，并记录原来的位置。

```
clear
n=length(A)        %求出 A 的长度
t1=0；t2=0；
for k=1：n
    if A(k)>0         t1=t1+1；B1(1,t1)=A(k)；B1(2,t1)=k；
    else
        t2=t2+1；B2(1，t2)=A(k)；B2(2，t2)=k；
    end
end
disp('A中的正数及位置是')，B1
disp('A中的负数及位置是')，B2
```

解 执行上边程序可得：

```
B1 =
    0.8623    0.4872
    1.0000    2.0000
B2=
   -0.0221   -0.5253   -0.8838
    3.0000    4.0000    5.0000
```

2．switch 语句

switch 语句根据表达式的取值不同，分别执行不同的语句，其语句格式为：

switch 表达式

case 表达式 1

    语句组 1

case 表达式 2

    语句组 2

……

case 表达式 m

    语句组 m

otherwise

    语句组 n

end

当表达式的值等于表达式 1 的值时，执行语句组 1，当表达式的值等于表达式 2 的值时，执行语句组 2，……，当表达式的值等于表达式 m 的值时，执行语句组 m，当表达式的值不等于 case 所列的表达式的值时，执行语句组 n。当任意一个分支的语句执行完后，直接执行 switch 语句的下一句。

语句格式：

switch	case	%定义 case 为整数变量
case1	结论 1	%变量取值 case1 时
case2	结论 2	%变量取值 case2 时
case3	结论 3	%变量取值 case3 时
……	……	……
caseN	结论 N	%变量取值 caseN 时
end		%语句结束

例 3-7　某商场对顾客所购买的商品实行打折销售，标准如下（商品价格用 price 来表示）：

price<200 %没有折扣

$200 \leqslant$ price<500 %3%折扣

$500 \leqslant$ price<1 000 %5%折扣

1 000$\leqslant$price<2 500 %8%折扣

2 500$\leqslant$price<5 000 %10%折扣

5 000$\leqslant$price %14%折扣

输入所售商品的价格，求其实际销售价格。

程序如下：

```
price=input('请输入商品价格');
switch fix(price/100)
case {0，1} %价格小于 200
  rate=0;
case {2，3，4} %价格大于等于 200 但小于 500
  rate=3/100;
case num2cell(5：9)%价格大于等于 500 但小于 1 000
```

```
    rate=5/100;
case num2cell(10：24)%价格大于等于 1 000 但小于 2 500
    rate=8/100;
case num2cell(25：49)%价格大于等于 2 500 但小于 5 000
    rate=10/100;
otherwise %价格大于等于 5 000
    rate=14/100;
end
price=price*(1-rate)%输出商品实际销售价格
```

3．try 语句

语句格式为：

```
try
    语句组 1
catch
    语句组 2
end
```

try 语句先试探性执行语句组 1，如果语句组 1 在执行过程中出现错误，则将错误信息赋给保留的 lasterr 变量，并转去执行语句组 2。

例 3-8　矩阵乘法运算要求两矩阵的维数相容，否则会出错。先求两矩阵的乘积，若出错，则自动转去求两矩阵的点乘。

程序如下：

```
A=[1，2，3；4，5，6]；　B=[7，8，9；10，11，12]；
try
    C=A*B；
catch
    C=A.*B；
end
C
lasterr %显示出错原因
```

3.2.3　循环结构

1. for 语句

for 语句的格式为：

```
for 循环变量=表达式 1：表达式 2：表达式 3
    循环体语句
end
```

其中表达式 1 的值为循环变量的初值，表达式 2 的值为步长，表达式 3 的值为循环变量的终值。步长为 1 时，表达式 2 可以省略。

例 3-9　一个三位整数各位数字的立方和等于该数本身，则称该数为水仙花数。输出全部水仙花数。

程序如下：

```
for m=100: 999
m1=fix(m/100); %求 m 的百位数字
m2=rem(fix(m/10), 10); %求 m 的十位数字
m3=rem(m, 10); %求 m 的个位数字
if m==m1*m1*m1+m2*m2*m2+m3*m3*m3
disp(m)
end
end
```

例 3-10　已知，当 n=100 时，求 y 的值。

程序如下：

```
y=0;
n=100;
for i=1: n
y=y+1/(2*i-1);
end
y
```

在实际 MATLAB 编程中，采用循环语句会降低其执行速度，所以前面的程序通常由下面的程序来代替：

```
n=100;
i=1: 2: 2*n-1;
y=sum(1./i);
y
```

for 语句更一般的格式为：

```
for 循环变量=矩阵表达式
    循环体语句
end
```

执行过程是依次将矩阵的各列元素赋给循环变量，然后执行循环体语句，直至各列元素处理完毕。

例 3-11　写出下列程序的执行结果。

```
s=0;
a=[12, 13, 14; 15, 16, 17; 18, 19, 20; 21, 22, 23];
for k=a
```

```
        s=s+k;
end
disp(s');
```

循环控制语句 for-end 应用示例

1）求调和级数前 100 项之和 S

```
S=0;                %初始化赋值；
for k=1:100
S=S+1/k;            %循环主体语句；
end
disp('调和级数前 100 项之和 S 等于'), S
```

运行结果输出：

```
    调和级数前 100 项之和 S 等于
S =
    5.1874
```

2）求 100 内的全部素数

```
B(1：4)=[2，3，5，7]；s=4；%先给出 s 个素数；
C=1；
for k=10：100
    for j=1：s
        A(j)=mod(k，B(j))；%求出 k 除以素数 B(j)的余数；
        C=C*A(j)；%求出前 j 个余数的乘积；
    end
    if    C ~ =0
        s=s+1；
        B(s)=k；%将此数添加到素数表列中；
    end
end
disp('100 之内的全部是'), B   %输出所求素数
```

3）按给定公式生成一个 10 行 10 列的下三角矩阵

```
clear
A=zeros(10)；%初始化 A
A(1：10，1)=1；A(1，2：10)=0；
  for k1=2：10
      for k2=2：k1
A(k1，k2)=...
A(k1-1，k2)+A(k1-1，k2-1)；
```

```
        end
    end
disp('按公式计算结果生成的矩阵是'),A
```
运行上边的程序后输出结果为：

按公式计算结果生成的矩阵是

A =

1	0	0	0	0	0	0	0	0	0
1	1	0	0	0	0	0	0	0	0
1	2	1	0	0	0	0	0	0	0
1	3	3	1	0	0	0	0	0	0
1	4	6	4	1	0	0	0	0	0
1	5	10	10	5	1	0	0	0	0
1	6	15	20	15	6	1	0	0	0
1	7	21	35	35	21	7	1	0	0
1	8	28	56	70	56	28	8	1	0
1	9	36	84	126	126	84	36	9	1

4）双对角形矩阵的生成

```
clear
    for k1=1：7
        for k2=1：7
            if k2+k1==8 | k2==k1
              A(k1，k2)=1；
            else
            A(k1，k2)=0；
            end
        end
    end
disp('生成的双对角形矩阵是'),A
```
执行上边程序输出结果：

A=

0	0	0	0	0	0	0
1	0	0	0	0	0	1
0	1	0	0	0	1	0
0	0	1	0	1	0	0
0	0	0	1	0	0	0
0	0	1	0	0	0	0

```
0    1    0    0    0    0    0
1    0    0    0    0    0    1
```

5）排序函数 Sort 的程序设计思路

%对下列行矩阵 A 中的元素从小到大进行排序并记取原来的位置；

A = [-1.9，-2，pi，5.6，7.0，2.4+3.6i]；

%由于矩阵中有虚数，故应分两步走

%（1）先把全部元素化为实数，其程序如下边所示

```
clear
A = [-1.9，-2，pi，5.6，7.0，2.4+3.6i]；
n=length(A)；%求 A 的长度
for k1=1：n
    if imag(A(k1))==0
      A1(k1)=A(k1)；
    else
      A1(k1)=abs(A(k1))；
    end
end
A1 %输出实数化结果；
```

%（2）对 A1 中的元素进行排序，并记取它们各自原来的位置；

```
N=max（A1）+100；
for t=1：n
    a=N；%初始化
    for k=1：n
        if A1(k)< a
            a=A1(k)；
            c=k；
        end
    end
    S(t)=a；
    D(t)=c；
    A1(c)=inf；
end
A0=A1；
disp('从小到大排序后的序列是')，S，
disp('排序后的序列中各元素的原位置是')，D
```

2. while 语句

while 语句的一般格式为：

```
while(条件)
    循环体语句
end
```

其执行过程为：若条件成立，则执行循环体语句，执行后再判断条件是否成立，如果不成立则跳出循环。

例 3-11　从键盘输入若干个数，当输入 0 时结束输入，求这些数的平均值和它们之和。

程序如下：

```
sum=0;
cnt=0;
val=input('Enter a number(end in 0)：');
while(val ~ =0)
    sum=sum+val;
    cnt=cnt+1;
    val=input('Enter a number(end in 0)：');
end
if(cnt > 0)
    sum
    mean=sum/cnt
end
```

3. break 语句和 continue 语句

与循环结构相关的语句还有 break 语句和 continue 语句。它们一般与 if 语句配合使用。break 语句用于终止循环的执行。当在循环体内执行到该语句时，程序将跳出循环，继续执行循环语句的下一语句。

continue 语句用于跳过循环体中的某些语句。当在循环体内执行到该语句时，程序将跳过循环体中所有剩下的语句，继续下一次循环。

例 3-12　求[100，200]之间第一个能被 21 整除的整数。

程序如下：

```
for n=100：200
    if rem(n，21) ~ =0
    continue
    end
    break
end
n
```

4．循环的嵌套

如果一个循环结构的循环体内又包括一个循环结构，就称为循环的嵌套，或称为多重循环结构。

例 3-13 若一个数等于它的各个真因子之和，则称该数为完数，如 6=1+2+3，所以 6 是完数。求[1，500]之间的全部完数。

```
for m=1: 500
    s=0;
    for k=1: m/2
        if rem(m，k)==0
        s=s+k;
        end
    end
    if m==s
    disp(m);
    end
end
```

3.2.4　随机函数 rand 与 randn

1．随机函数 rand

（1）功能：生成元素均匀分布于（0，1）上的数值与阵列。

（2）用法：

Y = rand(n)%返回 n*n 阶的方阵 Y，其元素均匀分布于区间(0, 1)。若 n 不是一标量，则显示出错信息。

Y = rand(m，n)、Y = rand([m n]) %返回阶数为 m*n 的，元素均匀分布于区间(0，1)上的矩阵 Y。

Y = rand(m，n，p，…)、Y = rand([m n p…])%生成阶数为 m*n*p*…的，元素均匀分布于区间（0，1）上的多维随机阵列 Y。

例 3-14：

R1 = rand(4，5)

计算结果可能为：

R1 =

0.6655	0.0563	0.2656	0.5371	0.6797
0.3278	0.4402	0.9293	0.5457	0.6129
0.6325	0.4412	0.9343	0.9394	0.3940
0.5395	0.6501	0.5648	0.7084	0.2206

Y = rand(size(A))%生成一与阵列 A 同型的随机均匀阵列 Y

rand　%该命令在每次单独使用时，都返回一随机数（服从均匀分布）。

s = rand（'state'）%返回一有 35 个元素的列向量 s，其中包含均匀分布生成器的当前状态。

例 3-15：

R1 = rand(4，5)

R2 = 0.6 + sqrt(0.1)* randn(5)

计算结果为：

R1 =

0.2778	0.2681	0.5552	0.5167	0.8821
0.2745	0.3710	0.1916	0.3385	0.5823
0.9124	0.5129	0.4164	0.2993	0.0550
0.4125	0.2697	0.1508	0.9370	0.5878

R2 =

0.4632	0.9766	0.5410	0.6360	0.6931
0.0733	0.9760	0.8295	0.9373	0.1775
0.6396	0.5881	0.4140	0.6187	0.8259
0.6910	0.7035	1.2904	0.5698	1.1134
0.2375	0.6552	0.5569	0.3368	0.3812

例 3-16

a = 10；b = 50；

R2 = a +(b-a)* rand(5)% 经过线性变换后生成元素均匀分布于（10，50）上的矩阵；

运行程序后输出结果：

R2 =

33.6835	19.8216	36.9436	49.6289	46.4679
18.5164	34.2597	15.3663	31.0549	49.0377
19.0026	37.1006	33.6046	39.5361	13.9336
12.4641	12.9804	35.5420	23.2916	46.8304
28.5238	48.7418	49.0843	13.0512	10.9265

2. 随机函数 rand

s = rand('state') %返回一有 35 个元素的向量 s,其中包含正态分布生成器的当前状态。其可改变生成器的当前状态，具体格式见表 3-1。

表 3-1 rand（'state'）命令说明

命令	含义
rand('state'，s)	设置状态为 s
rand('state'，0)	设置生成器为初始状态
rand('state'，k)	设置生成器第 k 个状态（k 为整数）
rand('state'，sum(100*clock))	设置生成器在每次使用时的状态

3. 随机函数 randn

（1）功能：生成元素服从正态分布(N(0，1))的数值与阵列

（2）用法：

Y = randn(n)   %返回 n*n 阶的方阵 Y，其元素服从正态分布 N(0，1)。若 n 不是一标量，则显示出错信息

Y = randn(m，n)、Y = randn([m n])   %返回阶数为 m*n 的，元素服从正太分布 N(0，1)的矩阵 Y

Y = randn(m，n，p，…)、Y = randn([m n p…])   %生成阶数 m*n*p*…的，元素服从正态分布 N(0，1)的多维随机阵列 Y

Y = randn(size(A))   %生成一与阵列 A 同型的随机正态阵列 Y

randn   %该命令在每次单独使用时，都返回一随机数(服从正态分布 N(0，1))

s = randn('state')   %返回一有 2 元素的向量 s，其中包含正态分布生成器的当前状态。其可改变生成器的当前状态，如表 3-2 所示。

表 3-2   randn（'state'）命令说明

命令	含义
randn('state'，s)	设置状态为 s
randn('state'，0)	设置生成器为初始状态
rand('state'，k)	设置生成器第 k 个状态（k 为整数）
rand('state'，sum(100*clock))	设置生成器在每次使用时的状态 都不同（因为 clock 每次都不同）

例 3-17   Randn 的应用：对正态分布随机函数产生的矩阵各元素按大小装入 8 个箱中并画出统计频率图。

```
clear
%A=rand(10，10);
B=randn(10，10);
t1=0；t2=0；t3=0；t4=0；t5=0；t6=0；t7=0；t8=0;
    for k1=1：10
        for k2=1：10
            if B(k1，k2)<=-3
                t1=t1+1;
                C(t1，1)=B(k1，k2);
            elseif B(k1，k2)<=-2&B(k1，k2)>-3
                t2=t2+1;
                C(t2，2)=B(k1，k2);
            elseif B(k1，k2)<=-1&B(k1，k2)>-2
                t3=t3+1;
                C(t3，3)=B(k1，k2);
```

```
      elseif B(k1，k2)<=0&B(k1，k2)>-1
          t4=t4+1；
          C(t4，4)=B(k1，k2)；
      elseif B(k1，k2)<=1&B(k1，k2)>0
          t5=t5+1；
          C(t5，5)=B(k1，k2)；
      elseif B(k1，k2)<=2&B(k1，k2)>1
          t6=t6+1；
          C(t6，6)=B(k1，k2)；
      elseif B(k1，k2)<=3&B(k1，k2)>2
          t7=t7+1；
          C(t7，7)=B(k1，k2)；
      else B(k1，k2)>3
          t8=t8+1；
          C(t8，8)=B(k1，k2)；
      end
    end
end
C
P=[t1，t2，t3，t4，t5，t6，t7，t8]/100
bar(P)
```

3.3 函数文件

3.3.1 函数文件的基本结构

函数文件由 function 语句引导，其基本结构为：

function 输出形参表=函数名（输入形参表）   注释说明部分函数体语句

其中以 function 开头的一行为引导行，表示该 M 文件是一个函数文件。函数名的命名规则与变量名相同。输入形参为函数的输入参数，输出形参为函数的输出参数。当输出形参多于一个时，则应该用方括号括起来。

例 3-18　编写函数文件求半径为 r 的圆的面积和周长。

函数文件如下：

function [s，p]=fcircle（r）

%CIRCLE calculate the area and perimeter of a circle of radii r

%r 圆半径

%s 圆面积

%p 圆周长

```
s=pi*r*r;

p=2*pi*r;
```

3.3.2 函数调用

函数调用的一般格式是：

[输出实参表]=函数名（输入实参表）

要注意的是，函数调用时各实参出现的顺序、个数，应与函数定义时形参的顺序、个数一致，否则会出错。函数调用时，先将实参传递给相应的形参，从而实现参数传递，然后再执行函数的功能。

例 3-19　利用函数文件，实现直角坐标（x，y）与极坐标（ρ，θ）之间的转换。

函数文件 tran.m：

```
function [rho，theta]=tran(x，y)

rho=sqrt(x*x+y*y);

theta=atan(y/x);
```

调用 tran.m 的主命令文件 main1.m：

```
x=input('Please input x=：');

y=input('Please input y=：');

[rho，the]=tran(x，y);

Rho

the
```

在 MATLAB 中，函数可以嵌套调用，即一个函数可以调用别的函数，甚至调用它自身。一个函数调用它自身称为函数的递归调用。

例 3-20　利用函数的递归调用，求 n!。

n!本身就是以递归的形式定义的，显然，求 n!需要求(n-1)!，这时可采用递归调用。递归调用函数文件 factor.m 如下：

```
function f=factor(n)

if n<=1

        f=1;

else

        f=factor(n-1)*n;    %递归调用求(n-1)!

end
```

3.3.3 函数参数的可调性

在调用函数时，MATLAB 用两个永久变量 nargin 和 nargout 分别记录调用该函数时的输入实参和输出实参的个数。只要在函数文件中包含这两个变量，就可以准确地知道该函数文件被调用时的输入输出参数个数，从而决定函数如何进行处理。

例 3-21　nargin 用法示例。

函数文件 examp.m：

```
function fout=charray(a，b，c)
if nargin==1
    fout=a；
elseif nargin==2
    fout=a+b；
elseif nargin==3
    fout=(a*b*c)/2；
end
```

主命令文件 mydemo.m：

```
x=[1：3]；
y=[1；2；3]；
examp(x)
examp(x，y')
examp(x，y，3)
```

3.3.4　全局变量与局部变量

全局变量用 global 命令定义，格式为：

global 变量名

例 3-22　全局变量应用示例。

先建立函数文件 wadd.m，该函数将输入的参数加权相加。

```
function f=wadd(x，y)
global ALPHA BETA
f=ALPHA*x+BETA*y；
```

在命令窗口中输入：

```
global ALPHA BETA
ALPHA=1；
BETA=2；
s=wadd(1，2)
```

3.4　程序举例

例 3-23　猜数游戏。首先由计算机产生[1，100]之间的随机整数，然后由用户猜测所产生的随机数。根据用户猜测的情况给出不同提示，如猜测的数大于产生的数，则显示"High"，小于则显示"Low"，等于则显示"You won"，同时退出游戏。用户最多可以猜 7 次。

例 3-24 用筛选法求某自然数范围内的全部素数。

素数是大于 1，且除了 1 和它本身以外，不能被其他任何整数所整除的整数。用筛选法求素数的基本思想是：要找出 2~m 的全部素数，首先在 2~m 中划去 2 的倍数（不包括 2），然后划去 3 的倍数（不包括 3），由于 4 已被划去，再找 5 的倍数（不包括 5），…，直到再划去不超过 m 的倍数，剩下的数都是素数。

例 3-25 设，求 $s = \int_a^b f(x)\mathrm{d}x$。

求函数 $f(x)$ 在 $[a, b]$ 上的定积分，其几何意义就是求曲线 $y = f(x)$ 与直线 $x=a$，$x=b$，$y=0$ 所围成的曲边梯形的面积。为了求得曲边梯形面积，先将积分区间 $[a, b]$ 分成 n 等分，每个区间的宽度为 $h=(b-a)/n$，对应地将曲边梯形分成 n 等分，每个小部分即是一个小曲边梯形。近似求出每个小曲边梯形面积，然后将 n 个小曲边梯形的面积加起来，就得到总面积，即定积分的近似值。近似地求每个小曲边梯形的面积，常用的方法有：矩形法、梯形法以及辛普生法等。

例 3-26 Fibonacci 数列定义如下：

$f_1 = 1$

$f_2 = 1$

$f_n = f_n - 1 + f_n - 2$（$n > 2$）

求 Fibonacci 数列的第 20 项。

例 3-27 根据矩阵指数的幂级数展开式求矩阵指数。

3.5 程序调试

3.5.1 程序调试概述

一般来说，应用程序的错误有两类，一类是语法错误，另一类是运行时的错误。语法错误包括词法或文法的错误，例如函数名的拼写错、表达式书写错等。

程序运行时的错误是指程序的运行结果有错误，这类错误也称为程序逻辑错误。

3.5.2 调试器

1. Debug 菜单项

该菜单项用于程序调试，需要与 Breakpoints 菜单项配合使用。

2. Breakpoints 菜单项

该菜单项共有 6 个菜单命令，前 2 个是用于在程序中设置和清除断点的，后 4 个是设置停止条件的，用于临时停止 M 文件的执行，并给用户一个检查局部变量的机会，相当于在 M 文件指定的行号前加了一个 keyboard 命令。

3.5.3 调试命令

除了采用调试器调试程序外，MATLAB 还提供了一些命令用于程序调试。命令的功能和调试器菜单命令类似，具体使用方法请读者查询 MATLAB 帮助文档。

情景四 MATLAB 文件操作

4.1 文件的打开与关闭

4.1.1 文件的打开

fopen 函数的调用格式为：

fid= fopen(文件名，打开方式)

其中文件名用字符串形式，表示待打开的数据文件。常见的打开方式有：'r'表示对打开的文件读数据，'w'表示对打开的文件写数据，'a'表示在打开的文件末尾添加数据。

fid 用于存储文件句柄值，句柄值用来标识该数据文件，其他函数可以利用它对该数据文件进行操作。

文件数据格式有两种形式，一是二进制文件，二是文本文件。在打开文件时需要进一步指定文件格式类型，即指定是二进制文件还是文本文件。

4.1.2 文件的关闭

文件在进行完读、写等操作后，应及时关闭。关闭文件用 fclose 函数，调用格式为：

sta=fclose(fid)

该函数关闭 fid 所表示的文件。sta 表示关闭文件操作的返回代码，若关闭成功，返回 0，否则返回–1。

4.2 文件的读写操作

4.2.1 二进制文件的读写操作

1．读二进制文件

fread 函数可以读取二进制文件的数据，并将数据存入矩阵。其调用格式为：

[A，COUNT]=fread(fid, size, precision)

其中，A 用于存放读取的数据，COUNT 返回所读取的数据元素个数，fid 为文件句柄，size 为可选项，若不选用则读取整个文件内容，若选用则它的值可以是下列值：

（1）N 表示读取 N 个元素到一个列向量。

（2）Inf 表示读取整个文件。

（3）[M，N]表示读数据到 M×N 的矩阵中，数据按列存放。

precision 代表读写数据的类型。

2．写二进制文件

fwrite 函数按照指定的数据类型将矩阵中的元素写入到文件中。其调用格式为：

COUNT=fwrite(fid，A，precision)

其中，COUNT 返回所写的数据元素个数，fid 为文件句柄，A 用来存放写入文件的数据，precision 用于控制所写数据的类型，其形式与 fread 函数相同。

例 4-1　建立一数据文件 magic5.dat，用于存放 5 阶魔方阵。

程序如下：

fid=fopen('magic5.dat'，'w');

cnt=fwrite(fid，magic(5)，'int32');

fclose(fid);

4.2.2　文本文件的读写操作

1．读文本文件

fscanf 函数的调用格式为：

[A，COUNT]= fscanf(fid，format，size)

其中，A 用以存放读取的数据，COUNT 返回所读取的数据元素个数，fid 为文件句柄，format 用以控制读取的数据格式，由%加上格式符组成，常见的格式符有 d，f，c，s。size 为可选项，决定矩阵 A 中数据的排列形式。

2．写文本文件

fprintf 函数的调用格式为：

COUNT= fprintf（fid，format，A）

其中，A 存放要写入文件的数据，先按 format 指定的格式将数据矩阵 A 格式化，然后写入到 fid 所指定的文件。格式符与 fscanf 函数相同。

4.3　数据文件定位

MATLAB 提供了与文件定位操作有关的函数 fseek 和 ftell。fseek 函数用于定位文件位置指针，其调用格式为：

status=fseek（fid，offset，origin）

其中，fid 为文件句柄，offset 表示位置指针相对移动的字节数，origin 表示位置指针移动的参照位置。若定位成功，status 返回值为 0，否则返回值为–1。

ftell 函数返回文件指针的当前位置，其调用格式为：

position=ftell（fid）

返回值为从文件开始到指针当前位置的字节数。若返回值为–1 表示获取文件当前位置失败。

情景五 MATLAB 绘图

5.1 二维数据曲线图

5.1.1 绘制单根二维曲线

plot 函数的基本调用格式为:

plot(x, y)

其中, x 和 y 为长度相同的向量, 分别用于存储 x 坐标和 y 坐标数据。

例 5-1 在 $0 \leqslant x \leqslant 2\pi$ 区间内, 绘制曲线 y=2e-0.5xcos(4πx))

程序如下:

x=0: pi/100: 2*pi;

y=2*exp(-0.5*x).*cos(4*pi*x);

plot(x, y)

例 5-2 绘制曲线。

程序如下:

t=0: 0.1: 2*pi;

x=t.*sin(3*t);

y=t.*sin(t).*sin(t);

plot(x, y);

plot 函数最简单的调用格式是只包含一个输入参数:

plot(x)

在这种情况下, 当 x 是实向量时, 以该向量元素的下标为横坐标, 元素值为纵坐标画出一条连续曲线, 这实际上是绘制折线图。

5.1.2 绘制多根二维曲线

1. plot 函数的输入参数是矩阵形式

（1）当 x 是向量, y 是有一维与 x 同维的矩阵时, 则绘制出多根不同颜色的曲线。曲线条数等于 y 矩阵的另一维数, x 被作为这些曲线共同的横坐标。

（2）当 x, y 是同维矩阵时, 则以 x, y 对应列元素为横、纵坐标分别绘制曲线, 曲线条数等于矩阵的列数。

（3）对只包含一个输入参数的 plot 函数, 当输入参数是实矩阵时, 则按列绘制每列元素值相对其下标的曲线，曲线条数等于输入参数矩阵的列数。

当输入参数是复数矩阵时，则按列分别以元素实部和虚部为横、纵坐标绘制多条曲线。

2．含多个输入参数的 plot 函数

调用格式为：

plot(x1，y1，x2，y2，…，xn，yn)

（1）当输入参数都为向量时，x1 和 y1，x2 和 y2，……，xn 和 yn 分别组成一组向量对，每一组向量对的长度可以不同。每一向量对可以绘制出一条曲线，这样可以在同一坐标内绘制出多条曲线。

（2）当输入参数有矩阵形式时，配对的 x，y 按对应列元素为横、纵坐标分别绘制曲线，曲线条数等于矩阵的列数。

例 5-3　分析下列程序绘制的曲线。

x1=linspace(0，2*pi，100)；

x2=linspace(0，3*pi，100)；

x3=linspace(0，4*pi，100)；

y1=sin(x1)；

y2=1+sin(x2)；

y3=2+sin(x3)；

x=[x1；x2；x3]'；

y=[y1；y2；y3]'；

plot(x，y，x1，y1-1)

3．plotyy 绘图函数

具有两个纵坐标标度的图形在 MATLAB 中，如果需要绘制出具有不同纵坐标标度的两个图形，可以使用 plotyy 绘图函数。调用格式为：

plotyy(x1，y1，x2，y2)

其中，x1，y1 对应一条曲线，x2，y2 对应另一条曲线。横坐标的标度相同，纵坐标有两个，左纵坐标用于 x1，y1 数据对，右纵坐标用于 x2，y2 数据对。

例 5-4　用不同标度在同一坐标内绘制曲线 y1=0.2e-0.5xcos（4πx）和 y2=2e-0.5xcos（πx）。

程序如下：

x=0：pi/100：2*pi；

y1=0.2*exp(-0.5*x).*cos(4*pi*x)；

y2=2*exp(-0.5*x).*cos(pi*x)；

plotyy(x，y1，x，y2)；

4．图形保持

hold on/off 命令控制是保持原有图形还是刷新原有图形，不带参数的 hold 命令在两种状态之间自动进行切换。

例 5-5 采用图形保持，在同一坐标内绘制曲线 y1=0.2e-0.5xcos(4πx)和 y2=2e-0.5xcos(πx)。

程序如下：

```
x=0：pi/100：2*pi；
y1=0.2*exp(-0.5*x).*cos(4*pi*x)；
plot(x，y1)
hold on
y2=2*exp(-0.5*x).*cos(pi*x)；
plot(x，y2)；
hold off
```

5.1.3 设置曲线样式

MATLAB 提供了一些绘图选项，用于确定所绘曲线的线型、颜色和数据点标记符号，它们可以组合使用。例如，"b-."表示蓝色点划线，"y：d"表示黄色虚线并用菱形符标记数据点。当选项省略时，MATLAB 规定，线型一律用实线，颜色将根据曲线的先后顺序依次标出。要设置曲线样式可以在 plot 函数中加绘图选项，其调用格式为：

plot(x1，y1，选项 1，x2，y2，选项 2，…，xn，yn，选项 n)

例 5-6 在同一坐标内，分别用不同线型和颜色绘制曲线 y1=0.2e-0.5xcos(4πx)和 y2=2e-0.5xcos(πx)，标记两曲线交叉点。

程序如下：

```
x=linspace(0，2*pi，1000)；
y1=0.2*exp(-0.5*x).*cos(4*pi*x)；
y2=2*exp(-0.5*x).*cos(pi*x)；
k=find(abs(y1-y2)<1e-2)；%查找 y1 与 y2 相等点（近似相等）的下标
x1=x(k)；%取 y1 与 y2 相等点的 x 坐标
y3=0.2*exp(-0.5*x1).*cos(4*pi*x1)；%求 y1 与 y2 值相等点的 y 坐标
plot(x，y1，x，y2，'k：'，x1，y3，'bp')；
```

5.1.4 图形标注与坐标控制

1. 图形标注

有关图形标注函数的调用格式为：

title(图形名称)

xlabel(x 轴说明)

ylabel(y 轴说明)

text(x，y，图形说明)

legend(图例 1，图例 2，…)

函数中的说明文字，除使用标准的 ASCII 字符外，还可使用 LaTeX 格式的控制字符，这样就可以在图形上添加希腊字母、数学符号及公式等内容。

例如，text(0.3，0.5，'sin({\omega}t+{\beta})')将得到标注效果 $\sin(\omega t+\beta)$。

例 5-7　在 $0 \leqslant x \leqslant 2\pi$ 区间内，绘制曲线 y1=2e-0.5x 和 y2=cos(4πx)，并给图形添加图形标注。

程序如下：

```
x=0：pi/100：2*pi;
y1=2*exp(-0.5*x);
y2=cos(4*pi*x);
plot(x，y1，x，y2)
title('x from 0 to 2{\pi}');  %加图形标题
xlabel('Variable X');  %加 X 轴说明
ylabel('Variable Y');  %加 Y 轴说明
text(0.8，1.5，'曲线 y1=2e^{-0.5x}');  %在指定位置添加图形说明
text(2.5，1.1，'曲线 y2=cos(4{\pi}x)');
legend('y1'，'y2')  %加图例
```

2．坐标控制

axis 函数的调用格式为：

axis([xmin xmax ymin ymax zmin zmax])

axis 函数功能丰富，常用的格式还有：

axis equal：纵、横坐标轴采用等长刻度。

axis square：产生正方形坐标系（缺省为矩形）。

axis auto：使用缺省设置。

axis off：取消坐标轴。

axis on：显示坐标轴。

给坐标加网格线用 grid 命令来控制。grid on/off 命令控制是画还是不画网格线，不带参数的 grid 命令在两种状态之间进行自动切换。

给坐标加边框用 box 命令来控制。box on/off 命令控制是加还是不加边框线，不带参数的 box 命令在两种状态之间进行自动切换。

例 5-8　在同一坐标中，可以绘制 3 个同心圆，并加坐标控制。

程序如下：

```
t=0：0.01：2*pi;
x=exp(i*t);
```

```
y=[x；2*x；3*x]';
plot(y)
grid on；%加网格线
box on；%加坐标边框
axis equal %坐标轴采用等刻度
```

5.1.5　图形的可视化编辑

MATLAB 6.5 版本在图形窗口中提供了可视化的图形编辑工具，利用图形窗口菜单栏或工具栏中的有关命令可以完成对窗口中各种图形对象的编辑处理。

在图形窗口上有一个菜单栏和工具栏。菜单栏包含 File、Edit、View、Insert、Tools、Window 和 Help 共 7 个菜单项，工具栏包含 11 个命令按钮。

5.1.6　对函数自适应采样的绘图函数

fplot 函数的调用格式为：

fplot(fname，lims，tol，选项)

其中，fname 为函数名，以字符串形式出现，lims 为 x，y 的取值范围，tol 为相对允许误差，其系统默认值为 2e-3。选项定义与 plot 函数相同。

例 5-9　用 fplot 函数绘制 f(x)=cos(tan(πx))的曲线。

命令如下：

fplot('cos(tan(pi*x))'，[0，1]，1e-4)

5.1.7　图形窗口的分割

subplot 函数的调用格式为：

subplot(m，n，p)

该函数将当前图形窗口分成 m×n 个绘图区，即每行 n 个，共 m 行，区号按行优先编号，且选定第 p 个区为当前活动区。在每一个绘图区允许以不同的坐标系单独绘制图形。

例 5-10　在图形窗口中，以子图形式同时绘制多根曲线。

```
subplot(2,2,1);
fplot('humps',[0 1])
subplot(2,2,2);
fplot('abs(exp(−j*x*(0：9))*one(10,1)',[0 2*pi])
subplot(2,2,3);
fplot('[tan(x), sin(x), cos(x)]', 2*pi*[−1 1 −1 1])
subplot(2,2,4);
fplot('[sin(1/x)',[pi,pi])
```

5.2　其他二维图形

5.2.1　其他坐标系下的二维数据曲线图

1．对数坐标图形

MATLAB 提供了绘制对数和半对数坐标曲线的函数，调用格式为：

semilogx(x1，y1，选项 1，x2，y2，选项 2，…)

semilogy(x1，y1，选项 1，x2，y2，选项 2，…)

loglog(x1，y1，选项 1，x2，y2，选项 2，…)

例 5-11　绘制 $y=10x^2$ 的对数坐标图并与直角线性坐标图进行比较。

2．极坐标图

polar 函数用来绘制极坐标图，其调用格式为：

polar(theta，rho，选项)

其中，theta 为极坐标极角，rho 为极坐标矢径，选项的内容与 plot 函数相似。

例 5-12　绘制 $r=\sin(t)\cos(t)$ 的极坐标图，并标记数据点。

程序如下：

```
t=0: pi/50: 2*pi;

r=sin(t).*cos(t);

polar(t，r，'-*');
```

5.2.2　二维统计分析图

在 MATLAB 中，二维统计分析图形很多，常见的有条形图、阶梯图、杆图和填充图等，所采用的函数分别是：

bar(x，y，选项) %条形图

stairs(x，y，选项) %阶梯图

stem(x，y，选项) %杆图

fill(x1，y1，选项 1，x2，y2，选项 2，…) %填充图

例 5-13　分别以条形图、阶梯图、杆图和填充图形式绘制曲线 $y=2\sin(x)$。

程序如下：

```
x=0: pi/10: 2*pi;

y=2*sin(x);

subplot(2，2，1); bar(x，y，'g');

title('bar(x，y，"g")'); axis([0，7，-2，2]);

subplot(2，2，2); stairs(x，y，'b');

title('stairs(x，y，"b")'); axis([0，7，-2，2]);

subplot(2，2，3); stem(x，y，'k');
```

```
title('stem(x，y，"k")')；axis([0，7，-2，2]);
subplot(2，2，4)；fill(x，y，'y');
title('fill(x，y，"y')')；axis([0，7，-2，2]);
```

MATLAB 提供的统计分析绘图函数还有很多，例如，用来表示各元素占总和的百分比的饼图、表示复数的相量图等。

例 5-14　绘制图形：

（1）某企业全年各季度的产值（单位：万元）分别为：2 347，1 827，2 043，3 025，试用饼图作统计分析。

（2）绘制复数的相量图：7+2.9i、2-3i 和-1.5-6i。

程序如下：

```
subplot(1，2，1);
pie([2347，1827，2043，3025]);
title('饼图');
legend('一季度'，'二季度'，'三季度'，'四季度');
subplot(1，2，2);
compass([7+2.9i，2-3i，-1.5-6i]);
title('相量图');
```

5.3　隐函数绘图

MATLAB 提供了一个 ezplot 函数绘制隐函数图形，下面介绍其用法。

（1）对于函数 f = f(x)，ezplot 函数的调用格式为：

ezplot(f)：在默认区间-2π<x<2π 绘制 f = f(x)的图形。

ezplot(f，[a，b])：在区间 a<x<b 绘制 f = f(x)的图形。

（2）对于隐函数 f = f(x，y)，ezplot 函数的调用格式为：

ezplot(f)：在默认区间-2π<x<2π 和-2π<y<2π 绘制 f(x，y)= 0 的图形。

ezplot(f，[xmin，xmax，ymin，ymax])：在区间 xmin<x<xmax 和 ymin<y<ymax 绘制 f(x，y)= 0 的图形。

ezplot(f，[a，b])：在区间 a<x<b 和 a<y< b 绘制 f(x，y)= 0 的图形。

（3）对于参数方程 x = x(t)和 y = y(t)，ezplot 函数的调用格式为：

ezplot(x，y)：在默认区间 0<t<2π 绘制 x=x(t)和 y=y(t)的图形。

ezplot(x，y，[tmin，tmax])：在区间 tmin < t < tmax 绘制 x=x(t)和 y=y(t)的图形。

例 5-15　隐函数绘图应用举例。

程序如下：

```
subplot(2，2，1);
ezplot('x^2+y^2-9')；axis equal
subplot(2，2，2);
```

```
ezplot('x^3+y^3-5*x*y+1/5')
subplot(2，2，3);
ezplot('cos(tan(pi*x))'，[ 0，1])
subplot(2，2，4);
ezplot('8*cos(t)'，'4*sqrt(2)*sin(t)'，[0，2*pi])
```

5.4　三维图形

5.4.1　三维曲线

plot3 函数与 plot 函数用法十分相似，其调用格式为：

plot3(x1，y1，z1，选项 1，x2，y2，z2，选项 2，…，xn，yn，zn，选项 n)

其中每一组 x，y，z 组成一组曲线的坐标参数，选项的定义和 plot 函数相同。当 x，y，z 是同维向量时，则 x，y，z 对应元素构成一条三维曲线。当 x，y，z 是同维矩阵时，则以 x，y，z 对应列元素绘制三维曲线，曲线条数等于矩阵列数。

例 5-16　绘制三维曲线。

程序如下：

```
t=0：pi/100：20*pi;
x=sin(t);
y=cos(t);
z=t.*sin(t).*cos(t);
plot3(x，y，z);
title('Line in 3-D Space');
xlabel('X'); ylabel('Y'); zlabel('Z');
grid on;
```

5.4.2　三维曲面

1．产生三维数据

在 MATLAB 中，利用 meshgrid 函数产生平面区域内的网格坐标矩阵。其格式为：

```
x=a:d1:b; y=c:d2:d;
[X，Y]=meshgrid(x，y);
```

语句执行后，矩阵 X 的每一行都是向量 x，行数等于向量 y 的元素的个数，矩阵 Y 的每一列都是向量 y，列数等于向量 x 的元素的个数。

2．surf 函数和 mesh 函数

绘制三维曲面的函数 surf 函数和 mesh 函数的调用格式为：

```
mesh(x，y，z，c)
surf(x，y，z，c)
```

一般情况下，x，y，z 是维数相同的矩阵。x，y 是网格坐标矩阵，z 是网格点上的高度矩阵，c 用于指定在不同高度下的颜色范围。

例 5-17　绘制三维曲面图 $z=\sin(x+\sin(y))-x/10$。

程序如下：

```
[x，y]=meshgrid(0:0.25:4*pi)；
z=sin(x+sin(y))-x/10；
mesh(x，y，z)；
axis([0 4*pi 0 4*pi -2.5 1])；
```

此外，还有带等高线的三维网格曲面函数 meshc 和带底座的三维网格曲面函数 meshz。其用法与 mesh 类似，不同的是 meshc 还在 xy 平面上绘制曲面在 z 轴方向的等高线，meshz 还在 xy 平面上绘制曲面的底座。

例 5-18　在 xy 平面内选择区域[-8，8]×[-8，8]，绘制 4 种三维曲面图。

程序如下：

```
[x，y]=meshgrid(-8：0.5：8)；
z=sin(sqrt(x.^2+y.^2))./sqrt(x.^2+y.^2+eps)；
subplot(2，2，1)；
mesh(x，y，z)；
title('mesh(x，y，z)')
subplot(2，2，2)；
meshc(x，y，z)；
title('meshc(x，y，z)')
subplot(2，2，3)；
meshz(x，y，z)
title('meshz(x，y，z)')
subplot(2，2，4)；
surf(x，y，z)；
title('surf(x，y，z)')
```

3．标准三维曲面

sphere 函数的调用格式为：

```
[x，y，z]=sphere(n)
```

cylinder 函数的调用格式为：

```
[x，y，z]= cylinder(R，n)
```

MATLAB 还有一个 peaks 函数，称为多峰函数，常用于三维曲面的演示。

例 5-19　绘制标准三维曲面图形。

程序如下：

```
t=0：pi/20：2*pi；
```

```
[x，y，z]= cylinder(2+sin(t)，30);
subplot(2，2，1);
surf(x，y，z);
subplot(2，2，2);
[x，y，z]=sphere;
surf(x，y，z);
subplot(2，1，2);
[x，y，z]=peaks(30);
surf(x，y，z);
```

5.4.3　其他三维图形

在介绍二维图形时，曾提到条形图、杆图、饼图和填充图等特殊图形，它们还可以以三维形式出现，使用的函数分别是 bar3、stem3、pie3 和 fill3。

bar3 函数绘制三维条形图，常用格式为：

bar3(y)

bar3(x，y)

stem3 函数绘制离散序列数据的三维杆图，常用格式为：

stem3(z)

stem3(x，y，z)

pie3 函数绘制三维饼图，常用格式为：

pie3(x)

fill3 函数等效于三维函数 fill，可在三维空间内绘制出填充过的多边形，常用格式为：

fill3(x，y，z，c)

例 5-20　绘制三维图形：

（1）绘制魔方阵的三维条形图。

（2）以三维杆图形式绘制曲线 y=2sin(x)。

（3）已知 x=[2347，1827，2043，3025]，绘制饼图。

（4）用随机的顶点坐标值画出五个黄色三角形。

程序如下：

```
subplot(2，2，1);
bar3(magic(4))
subplot(2，2，2);
y=2*sin(0：pi/10：2*pi);
stem3(y);
subplot(2，2，3);
pie3([2347，1827，2043，3025]);
```

```
subplot(2，2，4);
fill3(rand(3，5)，rand(3，5)，rand(3，5)，'y')
```
例 5-21　绘制多峰函数的瀑布图和等高线图。

程序如下：
```
subplot(1，2，1);
[X，Y，Z]=peaks(30);
waterfall(X，Y，Z)
xlabel('X-axis')，ylabel('Y-axis')，zlabel('Z-axis');
subplot(1，2，2);
contour3(X，Y，Z，12，'k');   %其中 12 代表高度的等级数
xlabel('X-axis')，ylabel('Y-axis')，zlabel('Z-axis');
```

5.5　图形修饰处理

5.5.1　视点处理

MATLAB 提供了设置视点的函数 view，其调用格式为：

view(az，el)

其中，az 为方位角，el 为仰角，它们均以度为单位。系统缺省的视点定义为方位角-37.5°，仰角 30°。

例 5-22　从不同视点观察三维曲线。
```
view(-37.5°，30)
view(-30，60)
view(-60，60)
view(30，30)
```

5.5.2　色彩处理

1．颜色的向量表示

MATLAB 除用字符表示颜色外，还可以用含有 3 个元素的向量表示颜色。向量元素在[0，1]范围取值，3 个元素分别表示红、绿、蓝 3 种颜色的相对亮度，称为 RGB 三元组。

2．色图

色图（Color map）是 MATLAB 系统引入的概念。在 MATLAB 中，每个图形窗口只能有一个色图。色图是 m×3 的数值矩阵，它的每一行是 RGB 三元组。色图矩阵可以用命令生成，也可以调用 MATLAB 提供的函数来定义色图矩阵。

3．三维表面图形的着色

三维表面图实际上就是在网格图的每一个网格片上涂上颜色。surf 函数用缺省的着色方式对网格片着色。除此之外，还可以用 shading 命令来改变着色方式。

shading faceted 命令将每个网格片用其高度对应的颜色进行着色，但网格线仍保留着，其颜色是黑色。这是系统的缺省着色方式。

shading flat 命令将每个网格片用同一个颜色进行着色，且网格线也用相应的颜色，从而使得图形表面显得更加光滑。

shading interp 命令在网格片内采用颜色插值处理，得出的表面图显得最光滑。

例 5-23　3 种图形着色方式的效果展示。

程序如下：

```
[x，y，z]=sphere(20);
colormap(copper);
subplot(1，3，1);
surf(x，y，z);
axis equal
subplot(1，3，2);
surf(x，y，z); shading flat;
axis equal
subplot(1，3，3);
surf(x，y，z); shading interp;
axis equal
```

5.5.3　光照处理

MATLAB 提供了灯光设置的函数，其调用格式为：

light('Color'，选项 1，'Style'，选项 2，'Position'，选项 3)

例 5-24　光照处理后的球面。

程序如下：

```
[x，y，z]=sphere(20);
subplot(1，2，1);
surf(x，y，z); axis equal;
light('Posi'，[0，1，1]);
shading interp;
hold on;
plot3(0，1，1，'p'); text(0，1，1，' light');
subplot(1，2，2);
surf(x，y，z); axis equal;
light('Posi'，[1，0，1]);
shading interp;
hold on;
plot3(1，0，1，'p'); text(1，0，1，' light');
```

5.5.4　图形的裁剪处理

例 5-25　绘制三维曲面图，并进行插值着色处理，裁掉图中 x 和 y 都小于 0 部分。

程序如下：

```
[x，y]=meshgrid(-5：0.1：5);
z=cos(x).*cos(y).*exp(-sqrt(x.^2+y.^2)/4);
surf(x，y，z)；shading interp；
pause %程序暂停
i=find(x<=0&y<=0)；
z1=z；z1(i)=NaN；
surf(x，y，z1)；shading interp；
```

为了展示裁剪效果，第一个曲面绘制完成后暂停，然后显示裁剪后的曲面。

5.6　图像处理与动画制作

5.6.1　图像处理

1．imread 和 imwrite 函数

imread 和 imwrite 函数分别用于将图像文件读入 MATLAB 工作空间，以及将图像数据和色图数据一起写入一定格式的图像文件。MATLAB 支持多种图像文件格式，如.bmp、.jpg、.jpeg、.tif 等。

2．image 和 imagesc 函数

这两个函数用于图像显示。为了保证图像的显示效果，一般还应使用 colormap 函数设置图像色图。

例 5-26　有一图像文件 flower.jpg，在图形窗口显示该图像。

程序如下：

```
[x，cmap]=imread('flower.jpg')；%读取图像的数据阵和色图阵
image(x)；colormap(cmap)；
axis image off %保持宽高比并取消坐标轴
```

5.6.2　动画制作

MATLAB 提供 getframe、moviein 和 movie 函数进行动画制作。

1．getframe 函数

getframe 函数可截取一幅画面信息（称为动画中的一帧），一幅画面信息会形成一个很大的列向量。显然，保存 n 幅图面就需一个大矩阵。

2．moviein 函数

Moviein(n)函数用来建立一个足够大的 n 列矩阵。该矩阵用来保存 n 幅画面的数据，

以备播放。之所以要事先建立一个大矩阵，是为了提高程序运行速度。

3．movie 函数

movie(m，n)函数播放由矩阵 m 所定义的画面 n 次，缺省时播放一次。

例 5-27　绘制了 peaks 函数曲面并且将它绕 z 轴旋转。

程序如下：

```
[X，Y，Z]=peaks(30)；
surf(X，Y，Z)
axis([-3，3，-3，3，-10，10])
axis off；
shading interp；
colormap(hot)；
m=moviein(20)；%建立一个 20 列大矩阵
for i=1：20
view(-37.5+24*(i-1)，30) %改变视点
m(：，i)=getframe；%将图形保存到 m 矩阵
end
movie(m，2)；%播放画面 2 次
```

情景六　MATLAB 数据分析与多项式计算

6.1　数据统计处理

6.1.1　最大值和最小值

MATLAB 提供的求数据序列的最大值和最小值的函数分别为 max 和 min，两个函数的调用格式和操作过程类似。

1．求向量的最大值和最小值

求一个向量 X 的最大值的函数有两种调用格式，分别是：

（1）y=max(X)：返回向量 X 的最大值存入 y，如果 X 中包含复数元素，则按模取最大值。

（2）[y，I]=max(X)：返回向量 X 的最大值存入 y，最大值的序号存入 I，如果 X 中包含复数元素，则按模取最大值。

求向量 X 的最小值的函数是 min(X)，用法和 max(X)完全相同。

例 6-1　求向量 x 的最大值。

命令如下：

x=[-43，72，9，16，23，47]；

y=max(x) %求向量 x 中的最大值

[y，l]=max(x) %求向量 x 中的最大值及其该元素的位置

2．求矩阵的最大值和最小值

求矩阵 A 的最大值的函数有 3 种调用格式，分别是：

（1）max(A)：返回一个行向量，向量的第 i 个元素是矩阵 A 的第 i 列上的最大值。

（2）[Y，U]=max(A)：返回行向量 Y 和 U，Y 向量记录 A 的每列的最大值，U 向量记录每列最大值的行号。

（3）max(A，[]，dim)：dim 取 1 或 2。dim 取 1 时，该函数和 max(A)完全相同；dim 取 2 时，该函数返回一个列向量，其第 i 个元素是 A 矩阵的第 i 行上的最大值。

求最小值的函数是 min，其用法和 max 完全相同。

例 6-2　分别求 3×4 矩阵 X 中各列和各行元素中的最大值，并求整个矩阵的最大值和最小值。

$$X = \begin{bmatrix} 1 & 2 & 3 & 4 \\ 11 & 10 & 9 & 8 \\ 15 & 16 & 18 & 6 \end{bmatrix}$$

3. 向量或矩阵的比较

两个向量或矩阵对应元素的比较函数 max 和 min 还能对两个同型的向量或矩阵进行比较，调用格式为：

（1）U=max(A，B)：A，B 是两个同型的向量或矩阵，结果 U 是与 A，B 同型的向量或矩阵，U 的每个元素等于 A，B 对应元素的较大者。

（2）U=max(A，n)：n 是一个标量，结果 U 是与 A 同型的向量或矩阵，U 的每个元素等于 A 对应元素和 n 中的较大者。

min 函数的用法和 max 完全相同。

例 6-3　求两个 2×3 矩阵 X，Y 所有同一位置上的较大元素构成的新矩阵 P。

$$X = \begin{bmatrix} 1 & 2 & 3 \\ 4 & 5 & 6 \end{bmatrix} \quad Y = \begin{bmatrix} 4 & 5 & 6 \\ 1 & 2 & 3 \end{bmatrix}$$

6.1.2　求和与求积

数据序列求和与求积的函数是 sum 和 prod，其使用方法类似。

设 X 是一个向量，A 是一个矩阵，函数的调用格式为：

sum(X)：返回向量 X 各元素的和。

prod(X)：返回向量 X 各元素的乘积。

sum(A)：返回一个行向量，其第 i 个元素是 A 的第 i 列的元素和。

prod(A)：返回一个行向量，其第 i 个元素是 A 的第 i 列的元素乘积。

sum(A，dim)：当 dim 为 1 时，该函数等同于 sum(A)；当 dim 为 2 时，返回一个列向量，其第 i 个元素是 A 的第 i 行的各元素之和。

prod(A，dim)：当 dim 为 1 时，该函数等同于 prod(A)；当 dim 为 2 时，返回一个列向量，其第 i 个元素是 A 的第 i 行的各元素乘积。

例 6-4　求矩阵 A 的每行元素的乘积和全部元素的乘积。

$$A = \begin{bmatrix} 1 & 2 & 3 & 4 \\ 5 & 6 & 7 & 8 \\ 9 & 10 & 11 & 12 \end{bmatrix}$$

6.1.3　平均值和中值

求数据序列平均值的函数是 mean，求数据序列中值的函数是 median。两个函数的调用格式为：

mean(X)：返回向量 X 的算术平均值。

median(X)：返回向量 X 的中值。

mean(A)：返回一个行向量，其第 i 个元素是 A 的第 i 列的算术平均值。

median(A)：返回一个行向量，其第 i 个元素是 A 的第 i 列的中值。

mean(A，dim)：当 dim 为 1 时，该函数等同于 mean(A)；当 dim 为 2 时，返回一个

列向量，其第 i 个元素是 A 的第 i 行的算术平均值。

median(A，dim)：当 dim 为 1 时，该函数等同于 median(A)；当 dim 为 2 时，返回一个列向量，其第 i 个元素是 A 的第 i 行的中值。

例 6-5 分别求向量 x 与 y 的平均值和中值。

$$x = \begin{bmatrix} 1 & 3 & 5 & 7 \end{bmatrix}$$
$$y = \begin{bmatrix} 4 & 3 & 2 \end{bmatrix}$$

6.1.4 累加和与累乘积

在 MATLAB 中，使用 cumsum 和 cumprod 函数能方便地求得向量和矩阵元素的累加和与累乘积向量，函数的调用格式为：

cumsum(X)：返回向量 X 累加和向量。

cumprod(X)：返回向量 X 累乘积向量。

cumsum(A)：返回一个矩阵，其第 i 列是 A 的第 i 列的累加和向量。

cumprod(A)：返回一个矩阵，其第 i 列是 A 的第 i 列的累乘积向量。

cumsum(A，dim)：当 dim 为 1 时，该函数等同于 cumsum(A)；当 dim 为 2 时，返回一个矩阵，其第 i 行是 A 的第 i 行的累加和向量。

cumprod(A，dim)：当 dim 为 1 时，该函数等同于 cumprod(A)；当 dim 为 2 时，返回一个向量，其第 i 行是 A 的第 i 行的累乘积向量。

例 6-6 求 S 的值。

$$S = \begin{bmatrix} -20 & -140 & -320 & -260 \\ 16 & 328 & 553 & 144 \end{bmatrix}$$

cumsum(S)

6.1.5 标准方差与相关系数

1．求标准方差

在 MATLAB 中，提供了计算数据序列的标准方差的函数 std。对于向量 X，std(X)返回一个标准方差。对于矩阵 A，std(A)返回一个行向量，它的各个元素便是矩阵 A 各列或各行的标准方差。std 函数的一般调用格式为：

Y=std(A，flag，dim)

其中 dim 取 1 或 2。当 dim=1 时，求各列元素的标准方差；当 dim=2 时，则求各行元素的标准方差。flag 取 0 或 1，当 flag=0 时，按 σ1 所列公式计算标准方差，当 flag=1 时，按 σ2 所列公式计算标准方差。缺省 flag=0，dim=1。

例 6-7 对二维矩阵 X，从不同维方向求出其标准方差。

$$X = \begin{bmatrix} 0 & 10 & 20 & 30 \\ 1 & 8 & 19 & 12 \end{bmatrix}$$

2．相关系数

MATLAB 提供了 corrcoef 函数，可以求出数据的相关系数矩阵。corrcoef 函数的调用格式为：

corrcoef(X)：返回从矩阵 X 形成的一个相关系数矩阵。此相关系数矩阵的大小与矩阵 X 一样。它把矩阵 X 的每列作为一个变量，然后求它们的相关系数。

corrcoef(X，Y)：在这里，X，Y 是向量，它们与 corrcoef（[X，Y]）的作用一样。

例 6-8　生成满足正态分布的 10000×5 随机矩阵,然后求各列元素的均值和标准方差,再求这 5 列随机数据的相关系数矩阵。

命令如下：

X=randn(10000，5);
M=mean(X)
D=std(X)
R=corrcoef(X)

6.1.6　排序

MATLAB 中对向量 X 是排序函数是 sort(X)，函数返回一个对 X 中的元素按升序排列的新向量。

sort 函数也可以对矩阵 A 的各列或各行重新排序，其调用格式为：

[Y，I]=sort(A，dim)

其中，dim 指明对 A 的列还是行进行排序。若 dim=1，则按列排；若 dim=2，则按行排。Y 是排序后的矩阵，而 I 记录 Y 中的元素在 A 中位置。

例 6-9　对二维矩阵做各种排序。

$$A = \begin{bmatrix} 4 & 7 & 8 \\ 18 & 15 & 13 \\ 6 & 30 & 20 \end{bmatrix}$$

6.2　数据插值

6.2.1　一维数据插值

在 MATLAB 中，实现这些插值的函数是 interp1，其调用格式为：

Y1=interp1(X，Y，X1，'method')

函数根据 X，Y 的值，计算函数在 X1 处的值。X，Y 是两个等长的已知向量，分别描述采样点和样本值，X1 是一个向量或标量，描述欲插值的点，Y1 是一个与 X1 等长的插值结果。

method 是插值方法，允许的取值有'linear'、'nearest'、'cubic'、'spline'。

注意：X1 的取值范围不能超出 X 的给定范围，否则，会给出 "NaN" 错误。

例 6-10 用不同的插值方法计算在 π/2 点的值。

MATLAB 中有一个专门的 3 次样条插值函数 Y1=spline(X，Y，X1)，其功能及使用方法与函数 Y1=interp1(X，Y，X1，'spline')完全相同。

例 6-11 某观测站测得某日 6：00 时至 18：00 时之间每隔 2 小时的室内外温度(℃)，用 3 次样条插值分别求得该日室内外 6：30 至 17：30 时之间每隔 2 小时各点的近似温度(℃)。

设时间变量 h 为一行向量，温度变量 t 为一个两列矩阵，其中第一列存放室内温度，第二列储存室外温度。命令如下：

h =6：2：18；
t=[18，20，22，25，30，28，24；15，19，24，28，34，32，30]';
XI =6.5：2：17.5
YI=interp1(h，t，XI，'spline')%用 3 次样条插值计算

例 6-12：
x =0：10；y = x.*sin(x)；
xx=0：.25：10；yy = interp1(x，y，xx)；
plot(x，y，'kd'，xx，yy)；插值图形如图 6-1 所示。

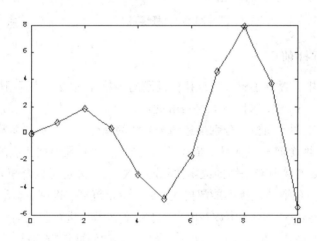

图 6-1 插值图形

例 6-13：
year = 1900：10：2010；
product = [75.995   91.972   105.711   123.203   131.669
150.697   179.323   203.212   226.505   249.633   256.344
267.893]；
p1995 = interp1(year，product，1995)
x=1900：1：2010；
y=interp1(year，product，x，'pchip')；

plot(year，product，'o'，x，y)

插值结果为：

p1995 = 252.9885

插值图形如图 6-2 所示。

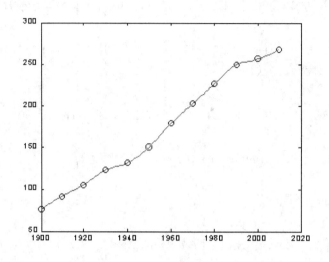

图 6-2　插值图形

6.2.2　二维数据插值

在 MATLAB 中，提供了解决二维插值问题的函数 interp2，其调用格式为：

Z1=interp2(X，Y，Z，X1，Y1，'method')

其中，X，Y 是两个向量，分别描述两个参数的采样点，Z 是与参数采样点对应的函数值，X1，Y1 是两个向量或标量，描述欲插值的点；Z1 是根据相应的插值方法得到的插值结果；method 的取值与一维插值函数相同。X，Y，Z 也可以是矩阵形式。

同样，X1，Y1 的取值范围不能超出 X，Y 的给定范围，否则，会给出"NaN"错误。

例 6-14　设 $z=x^2+y^2$，对 z 函数在$[0，1]×[0，2]$区域内进行插值。

例 6-15　某实验对一根长 10 m 的钢轨进行热源的温度传播测试。

用 x 表示测量点 0：2.5：10（m），用 h 表示测量时间 0:30:60（s），用 T 表示测试所得各点的温度（℃）。试用线性插值求出在 1 min 内每隔 20 s、钢轨每隔 1 m 处的温度 TI。

命令如下：

```
x=0：2.5：10；
h=[0：30：60]';
T=[95，14，0，0，0；88，48，32，12，6；67，64，54，48，41]；
xi=[0：10]；
hi=[0：20：60]';
TI=interp2(x，h，T，xi，hi)
```

076

例 6-16：

[X，Y] = meshgrid(-3：.25：3)；

Z = peaks(X，Y)；

[XI，YI] = meshgrid(-3：.125：3)；

ZZ = interp2(X，Y，Z，XI，YI)；

surfl(X，Y，Z)；hold on；

surfl(XI，YI，ZZ+15)

axis([-3 3 -3 3 -5 20])；shading flat

hold off

插值图形如图 6-3 所示。

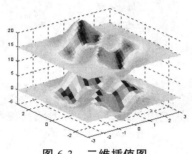

图 6-3　二维插值图

6.2.3　插值命令 interp3

命令 3：interp3；

功能：三维数据插值（查表）；

格式：

VI = interp3(X，Y，Z，V，XI，YI，ZI)%找出由参量 X，Y，Z 决定的三元函数 V=V(X，Y，Z)在点(XI，YI，ZI)的值。参量 XI，YI，ZI 是同型阵列或向量。若向量参量 XI，YI，ZI 是不同长度，不同方向（行或列）的向量，这时输出参量 VI 与 Y1，Y2，Y3 为同型矩阵。其中 Y1，Y2，Y3 为用命令 meshgrid(XI，YI，ZI)生成的同型阵列。若插值点(XI，YI，ZI)中有位于点(X，Y，Z)之外的点，则相应地返回特殊变量值 NaN。

VI = interp3(V，XI，YI，ZI)%缺省地，X=1:N，Y=1:M，Z=1:P，其中，[M，N，P]=size(V)，再按上面的情形计算。

VI = interp3(V，n)%作 n 次递归计算，在 V 的每两个元素之间插入它们的三维插值。这样，V 的阶数将不断增加。interp3(V)等价于 interp3(V，1)。

VI = interp3(…，method)%用指定的算法 method 作插值计算：

'linear'：线性插值（缺省算法）；

'cubic'：三次插值；'spline'：三次样条插值；

'nearest'：最邻近插值。

说明：在所有的算法中，都要求 X，Y，Z 是单调且有相同的格点形式。当 X，Y，Z

是等距且单调时，用算法'*linear'，'*cubic'，'*nearest'，可得到快速插值。

例 6-17

[x，y，z，v] = flow(20);

[xx，yy，zz] = meshgrid(.1:.25:10，-3:.25:3，-3:.25:3);

vv = interp3(x，y，z，v，xx，yy，zz);

slice(xx，yy，zz，vv，[6 9.5]，[1 2]，[-2 .2]); shading interp；colormap cool

插值图形如图 6-4 所示。

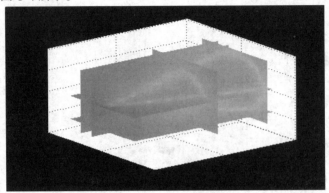

图 6-4　插值图形

6.2.4　插值命令 interpft

命令 4：interpft；

功能：用快速 Fourier 算法作一维插值；格式：y = interpft(x，n) %返回包含周期函数 x 在重采样的 n 个等距的点的插值 y。若 length(x)=m，且 x 有采样间隔 dx，则新的 y 的采样间隔 dy=dx*m/n。注意的是必须 n≥m。若 x 为一矩阵，则按 x 的列进行计算。返回的矩阵 y 有与 x 相同的列数，但有 n 行。

y = interpft(x，n，dim) %沿着指定的方向 dim 进行计算

6.2.5　插值命令 spline

命令 5：spline；

功能：三次样条数据插值；

格式：yy = spline(x，y，xx) %对于给定的离散的测量数据 x，y（称为断点），要寻找一个三项多项式，以逼近每对数据(x，y)点间的曲线。过两点只能确定一条直线，而通过一点的三次多项式曲线有无穷多条。为使通过中间断点的三次多项式曲线具有唯一性，要增加两个条件（因为三次多项式有 4 个系数）：

（1）三次多项式在点$(x_i，y_i)$处有 $P'(x_i)=P''(x_i)$；

（2）三次多项式在点$(x_i+1，y_i+1)$处有：$P'(x_i+1)=P''(x_i+1)$；

（3）p(x)在点处的斜率是连续的（为了使三次多项式具有良好的解析性，加上的条件）；

（4）p(x)在点处的曲率是连续的。

对于第一个和最后一个多项式，人为地规定如下条件：

① $p_1'''(x) = p_2'''(x)$ ；② $p_n'''(x) = p_{n-1}'''(x)$ 。

上述两个条件称为非结点（not-a-knot）条件。综合上述内容，可知对数据拟合的三次样条函数 $p(x)$ 是一个分段的三次多项式：

$$p(x) = \begin{cases} p_1(x) & x_1 \leqslant x \leqslant x_2 \\ p_2(x) & x_2 \leqslant x \leqslant x_3 \\ \cdots\cdots & \cdots\cdots \\ p_n(x) & x_n \leqslant x \leqslant x_{n+1} \end{cases}$$

其中每段都是三次多项式。

该命令用三次样条插值计算出由向量 x 与 y 确定的一元函数 y= $f(x)$ 在点 xx 处的值。若参量 y 是一矩阵，则以 y 的每一列和 x 配对，再分别计算由它们确定的函数在点 xx 处的值。则 yy 是一阶数为 length(xx)*size(y，2) 的矩阵。

pp = spline(x，y) %返回由向量 x 与 y 确定的分段样条多项式

例 6-18　设点列 x =[0 2 4 5 8 12 12.8 17.2 19.9 20]；

对离散地分布在 x 上的随机点列 y=rand(1，length(x)) 进行样条插值计算如下：

x =[0 2 4 5 8 12 12.8 17.2 19.9 20]；

y = rand(1，length(x))；

x1 = 0：.25：20；

y1 = spline(x，y，x1)；

plot(x，y，'ro'，x1，y1，'m-'，'linewidth'，3)

插值图形结果如图 6-5 所示。

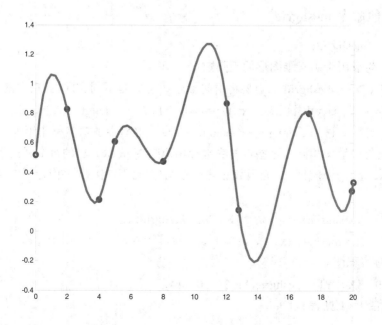

图 6-5　插值图形

6.2.6 插值命令 interpn

命令 6：interpn；

功能：n 维数据插值（查表）；

格式：

VI = interpn(X1，X2，，…，Xn，V，Y1，Y2，…，Yn) %返回由参量 X1，X2，…，Xn，V 确定的 n 元函数 V=V(X1，X2，…，Xn)在点(Y1，Y2，…，Yn)处的插值。参量 Y1，Y2，…，Yn 是同型的矩阵或向量。若 Y1，Y2，…，Yn 是向量，则可以是不同长度，不同方向（行或列）的向量。它们将通过命令 ndgrid 生成同型的矩阵，再作计算。若点(Y1，Y2，…，Yn)中有位于点(X1，X2，…，Xn)之外的点，则相应地返回特殊变量 NaN。

VI = interpn(V，Y1，Y2，…，Yn) %缺省地，X1=1:size(V，1)，X2=1：size(V，2)，…，Xn=1:size(V，n)，再按上面的情形计算。

VI = interpn(V，ntimes) %作 ntimes 次递归计算，在 V 的每两个元素之间插入它们的 n 维插值。这样，V 的阶数将不断增加。interpn(V)等价于 interpn(V，1)。

插值方法有：

VI = interpn(…，method) %用指定的算法 method 计算：

'linear'：线性插值（缺省算法）；

'cubic'：三次插值；

'spline'：三次样条插值法；

'nearest'：最邻近插值算法。

6.2.7 插值命令 meshgrid

命令 7：meshgrid；

功能：生成用于画三维图形的矩阵数据。

格式：[X,Y] = meshgrid(x,y) %将由向量 x,y（可以是不同方向的）指定的区域[min(x)，max(x)，min(y)，max(y)]用直线 x=x(i)，y=y(j)（i=1，2，…，length(x)，j=1，2，…，length(y)）进行划分。这样，得到了 length(x)*length(y)个点，这些点的横坐标用矩阵 X 表示，X 的每个行向量与向量 x 相同；这些点的纵坐标用矩阵 Y 表示，Y 的每个列向量与向量 y 相同。其中 X，Y 可用于计算二元函数 z=f(x，y)与三维图形中 xy 平面矩形定义域的划分或曲面作图。

[X，Y] = meshgrid(x) %等价于[X，Y]=meshgrid(x，x)。

[X，Y，Z] = meshgrid(x，y，z) %生成三维阵列 X，Y，Z，用于计算三元函数 v=f(x，y，z)或三维容积图。

例 6-19 [X，Y] = meshgrid(1：3，10：14)

计算结果为（见表 6-1）：

X =

```
    1     2     3
    1     2     3
    1     2     3
    1     2     3
    1     2     3
Y =
   10    10    10
   11    11    11
   12    12    12
   13    13    13
   14    14    14
```

表 6-1　meshgrid 函数生成矩阵

（1，10）	（2，10）	（3，10）
（1，11）	（2，11）	（3，11）
（1，12）	（2，12）	（3，12）
（1，13）	（2，13）	（3，13）
（1，14）	（2，14）	（3，14）

例 6-20　[X，Y，Z] = meshgrid(1：3，11：13，5：7)，计算结果为下列 3 维矩阵，如图 6-6 所示。

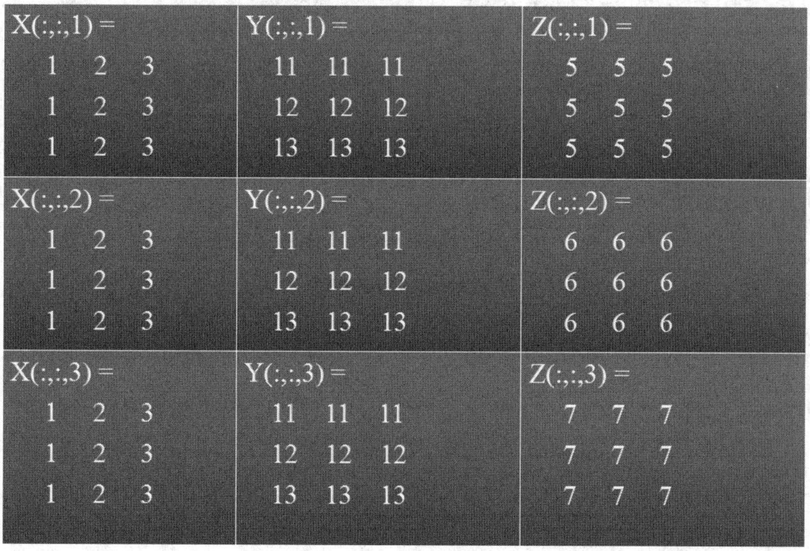

X(:,:,1) = 1 2 3 1 2 3 1 2 3	Y(:,:,1) = 11 11 11 12 12 12 13 13 13	Z(:,:,1) = 5 5 5 5 5 5 5 5 5
X(:,:,2) = 1 2 3 1 2 3 1 2 3	Y(:,:,2) = 11 11 11 12 12 12 13 13 13	Z(:,:,2) = 6 6 6 6 6 6 6 6 6
X(:,:,3) = 1 2 3 1 2 3 1 2 3	Y(:,:,3) = 11 11 11 12 12 12 13 13 13	Z(:,:,3) = 7 7 7 7 7 7 7 7 7

图 6-6　3 维矩阵

6.2.8　插值命令 ndgrid

命令 8：ndgrid；

功能：生成用于多维函数计算或多维插值用的阵列；

格式：

[X1，X2，…，Xn] = ndgrid(x1，x2，…，xn) %把通过向量 x1，x2，x3…，xn 指定的区域转换为数组 x1，x2，x3，…，xn。这样，得到 length(x1)* length(x2)*…*length(xn) 个点，这些点的第一维坐标用矩阵 X1 表示，X1 的每个第一维向量与向量 x1 相同；这些点的第二维坐标用矩阵 X2 表示，X2 的每个第二维向量与向量 x2 相同；如此等等。其中 X1，X2，…，Xn 可用于计算多元函数 y=f（x1，x2，…，xn）以及多维插值命令用到的阵列。

[X1，X2，…，Xn] = ndgrid(x)　%等价于[X1，X2，…，Xn] = ndgrid(x，x，…，x)

例如，评估函数

x2*exp(−x1^2−x2^2−x^3)

在范围内−2 < x1 < 2，−2 < x2 < 2，−2 < x3 < 2，

[x1，x2，x3] = ndgrid(−2:.2:2，−2:.25:2，−2:.16:2);

z = x2 .* exp(-x1.^2 − x2.^2 - x3.^2);

slice(x2，x1，x3，z，[−1.2.8 2]，2，[−2 −.2])

执行后得到的图形如图 6-7 所示：

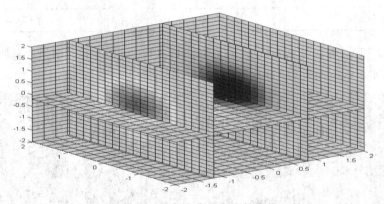

图 6-7　ndgrid 生成的阵列产生的多维函数

6.3　曲线拟合

在 MATLAB 中，用 polyfit 函数来求得最小二乘拟合多项式的系数，再用 polyval 函数按所得的多项式计算所给出的点上的函数近似值。

polyfit 函数的调用格式为：

[P，S]=polyfit(X，Y，m)

函数根据采样点 X 和采样点函数值 Y，产生一个 m 次多项式 P 及其在采样点的误差向量 S。其中 X，Y 是两个等长的向量，P 是一个长度为 m+1 的向量，P 的元素为多项式系数。

polyval 函数的功能是按多项式的系数计算 x 点多项式的值，将在 6.5.3 节中详细介绍。

例 6-21 已知数据表[t，y]，试求 2 次拟合多项式 p(t)，然后求 ti=1，1.5，2，2.5，…，9.5，10 各点的函数近似值。

[t，y]=[1.447　1.978　3.28　6.16　7.08　7.34　7.66　9.56　9.48　9.30]

6.4 离散傅立叶变换的实现

一维离散傅立叶变换函数，其调用格式与功能为：

（1）fft(X)：返回向量 X 的离散傅立叶变换。设 X 的长度(即元素个数)为 N，若 N 为 2 的幂次，则为以 2 为基数的快速傅立叶变换，否则为运算速度很慢的非 2 幂次的算法。对于矩阵 X，fft(X)应用于矩阵的每一列。

（2）fft(X，N)：计算 N 点离散傅立叶变换。它限定向量的长度为 N，若 X 的长度小于 N，则不足部分补上零；若大于 N，则删去超出 N 的那些元素。对于矩阵 X，它同样应用于矩阵的每一列，只是限定了向量的长度为 N。

（3）fft(X，[]，dim)或 fft(X，N，dim)：这是对于矩阵而言的函数调用格式，前者的功能与 fft(X)基本相同，而后者则与 fft(X，N)基本相同。只是当参数 dim=1 时，该函数作用于 X 的每一列；当 dim=2 时，则作用于 X 的每一行。

值得一提的是，当已知给出的样本数 N0 不是 2 的幂次时，可以取一个 N 使它大于 N0 且是 2 的幂次，然后利用函数格式 fft(X，N)或 fft(X，N，dim)便可进行快速傅立叶变换。这样，计算速度将大大加快。

相应地，一维离散傅立叶逆变换函数是 ifft。ifft(F)返回 F 的一维离散傅立叶逆变换；ifft(F，N)为 N 点逆变换；ifft(F，[]，dim)或 ifft(F，N，dim)则由 N 或 dim 确定逆变换的点数或操作方向。

例 6-22 给定数学函数

$x(t)=12\sin（2\pi\times10t+\pi/4）+5\cos（2\pi\times40t）$

取 N=128，试对 t 从 0~1 秒采样，用 fft 作快速傅立叶变换，绘制相应的振幅-频率图。

在 0~1 秒时间范围内采样 128 点，从而可以确定采样周期和采样频率。由于离散傅立叶变换时的下标应是从 0 到 $N-1$，故在实际应用时下标应该前移 1。又考虑到对离散傅立叶变换来说，其振幅| $F(k)$|是关于 $N/2$ 对称的，故只需使 k 从 0 到 $N/2$ 即可。

程序如下：

```
N=128；% 采样点数
T=1；% 采样时间终点
t=linspace(0，T，N)；% 给出 N 个采样时间 ti(I=1：N)
x=12*sin(2*pi*10*t+pi/4)+5*cos(2*pi*40*t)；% 求各采样点样本值 x
dt=t(2)-t(1)；% 采样周期
f=1/dt；% 采样频率(Hz)
X=fft(x)；% 计算 x 的快速傅立叶变换 X
F=X(1：N/2+1)；% F(k)=X(k)(k=1：N/2+1)
```

f=f*(0：N/2)/N；% 使频率轴 f 从零开始

plot(f，abs(F)，'-*')% 绘制振幅-频率图

xlabel('Frequency')；

ylabel('|F(k)|')

6.5　多项式计算

6.5.1　多项式的四则运算

1．多项式的重构

因为在 MATLAB 中，无论是一个多项式，还是它的根，都是向量，MATLAB 按惯例规定，多项式是行向量，根是列向量。给出一个多项式的根，也可以构造相应的多项式。在 MATLAB 中，命令 poly 执行这个任务。

pp=poly(r)

pp = 1.0e+002 *

    Columns 1 through 4

    0.0100　　−0.1200　　0.0000　　0.2500

    Column 5

     1.1600 + 0.0000i

pp=real(pp) %throw away spurious imaginary part

pp =1.0000　−12.0000　0.0000　25.0000　116.0000

因为 MATLAB 无隙地处理复数，当用根重组多项式时，如果一些根有虚部，由于截断误差，则 poly 的结果有一些小的虚部，这是很普通的。消除虚假的虚部，如上所示，只要使用函数 real 抽取实部。

2．多项式的加减运算

对多项式加法，MATLAB 不提供一个直接的函数。如果两个多项式向量大小相同，标准的数组加法有效。把多项式 a(x) 与给出的 b(x) 相加。

a=[1　2　3　4]；b=[1　4　9　16]；

d=a+b

    d =　2　　6　　12　　20

结果是 $d(x)= 2x^3 + 6x^2 + 12x + 20$。当两个多项式阶次不同，低阶的多项式必须用首零填补，使其与高阶多项式有同样的阶次。考虑多项式 c 和 d 相加：

$c(x)=x^6+6x^5+20x^4+50x^3+75x^2+84x+64$

e=c+[0　0　0　d]

    e =　1　　6　　20　　52　　81　　96　　84

结果是 $e(x)= x^6 + 6x^5 + 20x^4 + 52x^3 + 81x^2 + 96x + 84$。要求首零而不是尾零，是因为相关的系数像 x 幂次一样，必须整齐。

多项式加法的库函数程序源代码为：

```
function p=mmpadd(a，b)
%    MMPADD Polynomial addition.
%    MMPADD(A，B)adds the polynomial A and B
%    Copyright(c)1996 by Prentice Hall，Inc.
if nargin<2
        error(' Not enough input arguments ')
end
a=a(：).';  % make sure inputs are polynomial row vectors
b=b(：).';
na=length(a)； % find lengths of a and b
nb=length(b)；
p=[zeros(1，nb-na)a]+[zeros(1，na-nb)b]； % add zeros as necessary
```

3. 多项式乘法运算

函数 conv(P1，P2)用于求多项式 P1 和 P2 的乘积。这里，P1、P2 是两个多项式系数向量。

函数 conv 支持多项式乘法（执行两个数组的卷积）。考虑两个多项式 $a(x)=x^3+2x^2+3x+4$ 和 $b(x)=x^3+4x^2+9x+16$ 的乘积：

```
a=[1  2  3  4];     b=[1  4  9  16];
c=conv(a，b)
c =
    1    6   20   50   75   84   64
```

结果是 $c(x)=x^6+6x^5+20x^4+50x^3+75x^2+84x+64$。两个以上的多项式的乘法需要重复使用 conv。

例 6-23　求多项式 x^4+8x^3-10 与多项式 $2x^2-x+3$ 的乘积。

4. 多项式除法

在一些特殊情况，一个多项式需要除以另一个多项式。在 MATLAB 中，这由函数 deconv 完成。用上面的多项式 b 和 c

```
[q，r]=deconv(c，b)
q =
    1    2    3    4
r =
    0    0    0    0    0    0    0
```

这个结果是 b 被 c 除，给出商多项式 q 和余数 r，在现在情况下 r 是零，因为 b 和 q 的乘积恰好是 c。

例 6-24　求多项式 x^4+8x^3-10 除以多项式 $2x^2-x+3$ 的结果。

6.5.2 多项式的导函数

由于一个多项式的导数表示简单，MATLAB 为多项式求导提供了函数 polyder。

例如，设 6 有次多项式

g=　　1　　6　　20　　48　　69　　72　　44

h=polyder(g) %输入求导命令可得结果如下

h =

　　6　　30　　80　　144　　138　　72

对多项式求导数的函数是：

p=polyder(P) %求多项式 P 的导函数

p=polyder(P，Q) %求 P·Q 的导函数

[p，q]=polyder(P，Q) %求 P/Q 的导函数，导函数的分子存入 p，分母存入 q

上述函数中，参数 P，Q 是多项式的向量表示，结果 p，q 也是多项式的向量表示。

例 6-25　求有理分式的导数。

命令如下：

P=[1]；

Q=[1，0，5]；

[p，q]=polyder(P，Q)

6.5.3 多项式的求值

MATLAB 提供了两种求多项式值的函数：polyval 与 polyvalm，它们的输入参数均为多项式系数向量 P 和自变量 x。两者的区别在于前者是代数多项式求值，而后者是矩阵多项式求值。

1．代数多项式求值

polyval 函数用来求代数多项式的值，其调用格式为：

Y=polyval(P，x)

若 x 为一数值，则求多项式在该点的值；若 x 为向量或矩阵，则对向量或矩阵中的每个元素求其多项式的值。

例 6-26　已知多项式 x^4+8x^3-10，分别取 $x=1.2$ 和一个 $2×3$ 矩阵为自变量计算该多项式的值。

2．矩阵多项式求值

polyvalm 函数用来求矩阵多项式的值，其调用格式与 polyval 相同，但含义不同。polyvalm 函数要求 x 为方阵，它以方阵为自变量求多项式的值。设 A 为方阵，P 代表多项式 x^3-5x^2+8，那么 polyvalm(P，A)的含义是：

A*A*A-5*A*A+8*eye(size(A))

而 polyval(P，A)的含义是：

A.*A.*A-5*A.*A+8*ones(size(A))

例 6-27　仍以多项式 x^4+8x^3-10 为例，取一个 2×2 矩阵为自变量分别用 polyval 和 polyvalm 计算该多项式的值。

6.5.4　多项式求根

n 次多项式具有 n 个根，当然这些根可能是实根，也可能含有若干对共轭复根。

MATLAB 提供的 roots 函数用于求多项式的全部根，其调用格式为：

x=roots(P)

其中 P 为多项式的系数向量，求得的根赋给向量 x，即 x(1)，x(2)，…，x(n)分别代表多项式的 n 个根。

例 6-28　求多项式 x^4+8x^3-10 的根。

命令如下：

A=[1，8，0，0，-10]；

x=roots(A)

若已知多式的全部根，则可以用 poly 函数建立起该多项式，其调用格式为：

P=poly(x)

若 x 为具有 n 个元素的向量，则 poly(x)建立以 x 为其根的多项式，且将该多项式的系数赋给向量 P。

例 6-29　已知 $f(x)$:

（1）计算 $f(x)=0$ 的全部根。

（2）由方程 $f(x)=0$ 的根构造一个多项式 $g(x)$，并与 $f(x)$进行对比。

命令如下：

P=[3，0，4，-5，-7.2，5]；

X=roots(P) %求方程 $f(x)=0$ 的根

G=poly(X) %求多项式 $g(x)$

情景七　MATLAB 解方程与函数极值

7.1　线性方程组求解

7.1.1　直接解法

1. 利用左除运算符的直接解法

对于线性方程组 Ax=b，可以利用左除运算符 "\" 求解：

x=A\b

例 7-1　用直接解法求解下列线性方程组。

命令如下：

A=[2，1，-5，1；1，-5，0，7；0，2，1，-1；1，6，-1，-4]；

b=[13，-9，6，0]'；

x=A\b

2. 利用矩阵的分解求解线性方程组

矩阵分解是指根据一定的原理用某种算法将一个矩阵分解成若干个矩阵的乘积。常见的矩阵分解有 LU 分解、QR 分解、Cholesky 分解，以及 Schur 分解、Hessenberg 分解、奇异分解等。

（1）LU 分解。

矩阵的 LU 分解就是将一个矩阵表示为一个下三角矩阵和一个上三角矩阵的乘积形式。线性代数中已经证明，只要方阵 A 是非奇异的，LU 分解总是可以进行的。

MATLAB 提供的 lu 函数用于对矩阵进行 LU 分解，其调用格式为：

[L, U]=lu(X)：产生一个上三角阵 U 和一个变换形式的下三角阵 L（行交换），使之满足 X=LU。注意，这里的矩阵 X 必须是方阵。

[L, U, P]=lu(X)：产生一个上三角阵 U 和一个下三角阵 L 以及一个置换矩阵 P，使之满足 PX=LU。当然矩阵 X 同样必须是方阵。

实现 LU 分解后，线性方程组 Ax=b 的解 x=U\(L\b)或 x=U\(L\Pb)，这样可以大大提高运算速度。

例 7-2　用 LU 分解求解例 7-1 中的线性方程组。

命令如下：

A=[2，1，-5，1；1，-5，0，7；0，2，1，-1；1，6，-1，-4]；

b=[13，-9，6，0]'；

[L，U]=lu(A);

x=U\(L\b)

或采用 LU 分解的第 2 种格式，命令如下：

[L，U，P]=lu(A);

x=U\(L\P*b)

（2）QR 分解。

对矩阵 X 进行 QR 分解，就是把 X 分解为一个正交矩阵 Q 和一个上三角矩阵 R 的乘积形式。QR 分解只能对方阵进行。

MATLAB 的函数 qr 可用于对矩阵进行 QR 分解，其调用格式为：

[Q，R]=qr(X)：产生一个正交矩阵 Q 和一个上三角矩阵 R，使之满足 X=QR。

[Q，R，E]=qr(X)：产生一个正交矩阵 Q、一个上三角矩阵 R 以及一个置换矩阵 E，使之满足 XE=QR。

实现 QR 分解后，线性方程组 Ax=b 的解 x=R\(Q\b)或 x=E(R\(Q\b))。

例 7-3   用 QR 分解求解例 7-1 中的线性方程组。

命令如下：

A=[2，1，-5，1; 1，-5，0，7; 0，2，1，-1; 1，6，-1，-4];

b=[13，-9，6，0]';

[Q，R]=qr(A);

x=R\(Q\b)

或采用 QR 分解的第 2 种格式，命令如下：

[Q，R，E]=qr(A);

x=E*(R\(Q\b))

（3）Cholesky 分解。

如果矩阵 X 是对称正定的，则 Cholesky 分解将矩阵 X 分解成一个下三角矩阵和上三角矩阵的乘积。设上三角矩阵为 R，则下三角矩阵为其转置，即 X=R'R。MATLAB 函数 chol(X)用于对矩阵 X 进行 Cholesky 分解，其调用格式为：

R=chol(X)：产生一个上三角阵 R，使 R'R=X。若 X 为非对称正定，则输出一个出错信息。

[R，p]=chol(X)：这个命令格式将不输出错误信息。当 X 为对称正定的，则 p=0，R 与上述格式得到的结果相同；否则 p 为一个正整数。如果 X 为满秩矩阵，则 R 为一个阶数为 q=p-1 的上三角阵，且满足 R'R=X(1: q，1: q)。

实现 Cholesky 分解后，线性方程组 Ax=b 变成 R'Rx=b，所以 x=R\(R'\b)。

例 7-4   用 Cholesky 分解求解例 7-1 中的线性方程组。

命令如下：

A=[2，1，-5，1; 1，-5，0，7; 0，2，1，-1; 1，6，-1，-4];

b=[13，-9，6，0]';

R=chol(A)

??? Error using ==> chol

Matrix must be positive definite

命令执行时，出现错误信息，说明 A 为非正定矩阵。

7.1.2　迭代解法

迭代解法非常适合求解大型稀疏矩阵的方程组。在数值分析中，迭代解法主要包括 Jacobi 迭代法、Gauss-Serdel 迭代法、超松弛迭代法和两步迭代法。

1．Jacobi 迭代法

对于线性方程组 Ax=b，如果 A 为非奇异方阵，即 $a_{ii} \neq 0$（i=1，2，…，n），则可将 A 分解为 A=D−L−U，其中 D 为对角阵，其元素为 A 的对角元素，L 与 U 为 A 的下三角阵和上三角阵，于是 Ax=b 化为：

$x = D^{-1}(L-U)x + D^{-1}b$

与之对应的迭代公式为：

$x(k+1) = D^{-1}(L+U)x(k) + D^{-1}b$

这就是 Jacobi 迭代公式。如果序列{x（k+1）}收敛于 x，则 x 必是方程 Ax=b 的解。

Jacobi 迭代法的 MATLAB 函数文件 Jacobi.m 如下：

```
function [y，n]=jacobi(A，b，x0，eps)
if nargin==3
    eps=1.0e-6;
elseif nargin<3
    error
    return
end
D=diag(diag(A)); %求 A 的对角矩阵
L=-tril(A，-1); %求 A 的下三角阵
U=-triu(A，1); %求 A 的上三角阵
B=D\(L+U);
f=D\b;
y=B*x0+f;
n=1; %迭代次数
while norm(y-x0)>=eps
x0=y;
y=B*x0+f;
n=n+1;
end
```

例 7-5　用 Jacobi 迭代法求解下列线性方程组。设迭代初值为 0，迭代精度为 10^{-6}。

在命令中调用函数文件 Jacobi.m，命令如下：

A=[10，−1，0；−1，10，−2；0，−2，10]；

b=[9，7，6]'；

[x，n]=jacobi（A，b，[0，0，0]'，1.0e−6）

2．Gauss-Serdel 迭代法

在 Jacobi 迭代过程中，计算时，已经得到，不必再用，即原来的迭代公式 Dx(k+1)=(L+U)x(k)+b 可以改进为 Dx(k+1)=Lx(k+1)+Ux(k)+b，于是得到：

$$x(k+1)=(D-L)^{-1}Ux(k)+(D-L)^{-1}b$$

该式即为 Gauss-Serdel 迭代公式。和 Jacobi 迭代相比，GaussSerdel 迭代用新分量代替旧分量，精度会高些。

Gauss-Serdel 迭代法的 MATLAB 函数文件 gauseidel.m 如下：

```
function [y，n]=gauseidel(A，b，x0，eps)
if nargin==3
    eps=1.0e−6；
elseif nargin<3
    error
    return
end
D=diag(diag(A))；%求 A 的对角矩阵
L=−tril(A，−1)；%求 A 的下三角阵
U=−triu(A，1)；%求 A 的上三角阵
G=(D−L)\U；
f=(D−L)\b；
y=G*x0+f；
n=1；%迭代次数
while norm(y−x0)>=eps
    x0=y；
    y=G*x0+f；
    n=n+1；
end
```

例 7-6　用 Gauss-Serdel 迭代法求解下列线性方程组。设迭代初值为 0，迭代精度为 10^{-6}。

在命令中调用函数文件 gauseidel.m，命令如下：

A=[10，−1，0；−1，10，−2；0，−2，10]；

b=[9，7，6]'；

[x，n]=gauseidel(A，b，[0，0，0]'，1.0e−6)

例 7-7 分别用 Jacobi 迭代和 Gauss-Serdel 迭代法求解下列线性方程组,看是否收敛。

命令如下：

```
a=[1, 2, -2; 1, 1, 1; 2, 2, 1];
b=[9; 7; 6];
[x, n]=jacobi(a, b, [0; 0; 0])
[x, n]=gauseidel(a, b, [0; 0; 0])
```

7.2 非线性方程数值求解

7.2.1 单变量非线性方程求解

在 MATLAB 中提供了一个 fzero 函数,可以用来求单变量非线性方程的根。该函数的调用格式为：

z=fzero('fname', x0, tol, trace)

其中, fname 是待求根的函数文件名,x0 为搜索的起点。一个函数可能有多个根,但 fzero 函数只给出离 x0 最近的那个根。tol 控制结果的相对精度,缺省时取 tol=eps,trace 指定迭代信息是否在运算中显示,为 1 时显示,为 0 时不显示,缺省时取 trace=0。

例 7-8 求 $f(x)=x-10^x+2=0$ 在 $x_0=0.5$ 附近的根。

步骤如下：

（1）建立函数文件 funx.m。

```
function fx=funx(x)
fx=x-10.^x+2;
```

（2）调用 fzero 函数求根。

```
z=fzero('funx', 0.5)
z =
    0.3758
```

7.2.2 非线性方程组的求解

对于非线性方程组 F(X)=0,用 fsolve 函数求其数值解。

fsolve 函数的调用格式为：

X=fsolve('fun', X0, option)

其中, X 为返回的解, fun 是用于定义需求解的非线性方程组的函数文件名, X0 是求根过程的初值,option 为最优化工具箱的选项设定。最优化工具箱提供了 20 多个选项,用户可以使用 optimset 命令将它们显示出来。如果想改变其中某个选项,则可以调用 optimset( )函数来完成。例如,Display 选项决定函数调用时中间结果的显示方式,其中'off' 为不显示, 'iter'表示每步都显示, 'final'只显示最终结果。optimset('Display', 'off')将设定 Display 选项为'off'。

例7-9　求下列非线性方程组在(0.5，0.5)附近的数值解。

（1）建立函数文件 myfun.m。

function q=myfun(p)

x=p(1)；

y=p(2)；

q(1)=x-0.6*sin(x)-0.3*cos(y)；

q(2)=y-0.6*cos(x)+0.3*sin(y)；

（2）在给定的初值 x0=0.5，y0=0.5 下，调用 fsolve 函数求方程的根。

x=fsolve('myfun'，[0.5，0.5]'，optimset('Display'，'off'))

x =

  　0.6354

  　0.3734

将求得的解代回原方程，可以检验结果是否正确，命令如下：

q=myfun(x)

q =

  　1.0e-009 *

  　0.2375 　　0.2957

可见得到了较高精度的结果。

7.3　常微分方程初值问题的数值解法

7.3.1　龙格-库塔法简介

龙格-库塔（Rung-kutta）方法是一种在工程上应用广泛的高精度单步算法，其中包括著名的欧拉法，用于数值求解微分方程。由于此算法精度高，采取措施对误差进行抑制，所以其实现原理较复杂。

7.3.2　龙格-库塔法的实现

基于龙格-库塔法，MATLAB 提供了求常微分方程数值解的函数，一般调用格式为：

[t，y]=ode23('fname'，tspan，y0)

[t，y]=ode45('fname'，tspan，y0)

其中，fname 是定义 f(t，y)的函数文件名，该函数文件必须返回一个列向量；tspan 形式为[t0，tf]，表示求解区间；y0 是初始状态列向量；t 和 y 分别给出时间向量和相应的状态向量。

例7-10　设有初值问题，试求其数值解，并与精确解相比较（精确解为 $y(t)=t^2-t-2$ ）。

（1）建立函数文件 funt.m。

function yp=funt(t，y)

yp=(y^2−t−2)/4/(t+1);

（2）求解微分方程。

t0=0；tf=10；

y0=2；

[t，y]=ode23（'funt'，[t0，tf]，y0）；%求数值解

y1=sqrt（t+1）+1；　%求精确解

t'

y'

y1'

y 为数值解，y1 为精确值，显然两者近似。

例 7-11　求解著名的 Van der Pol 方程。

$y''-u(1-y^2)y'+y=0$

例 7-12　有 Lorenz 模型的状态方程，试绘制系统相平面图。

$$\begin{cases} \dfrac{\mathrm{d}x}{\mathrm{d}t} = \sigma(y - x) \\ \dfrac{\mathrm{d}y}{\mathrm{d}t} = x(\rho - z) - y \\ \dfrac{\mathrm{d}z}{\mathrm{d}t} = xy - \beta z \end{cases}$$

7.4　函数极值

MATLAB 提供了基于单纯形算法求解函数极值的函数 fmin 和 fmins，它们分别用于单变量函数和多变量函数的最小值，其调用格式为：

x=fmin('fname'，x1，x2)

x=fmins('fname'，x0)

这两个函数的调用格式相似。其中，fmin 函数用于求单变量函数的最小值点，fname 是被最小化的目标函数名，x1 和 x2 限定自变量的取值范围。fmins 函数用于求多变量函数的最小值点，x0 是求解的初始值向量。

MATLAB 没有专门提供求函数最大值的函数，但只要注意到-f(x)在区间(a，b)上的最小值就是 f(x)在(a，b)的最大值，所以 fmin(f，x1，x2)返回函数 f(x)在区间(x1，x2)上的最大值。

例 7-13　求 $f(x)=x^3-2x-5$ 在[0，5]内的最小值点。

（1）建立函数文件 mymin.m。

function fx=mymin(x)

fx=x.^3-2*x-5;

（2）调用 fmin 函数求最小值点。

```
x=fmin('mymin'，0，5)
x=
   0.8165
```

情景八　MATLAB 数值积分与微分

8.1　数值积分

8.1.1　数值积分基本原理

求解定积分的数值方法多种多样，如简单的梯形法、辛普生（Simpson）法、牛顿-柯特斯（Newton-Cotes）法等都是经常采用的方法。它们的基本思想都是将整个积分区间[a，b]分成 n 个子区间[xi，xi+1]，i=1，2，…，n，其中 x1=a，xn+1=b。这样求定积分问题就分解为求和问题。

8.1.2　数值积分的实现方法

1．变步长辛普生法

基于变步长辛普生法，MATLAB 给出了 quad 函数来求定积分。该函数的调用格式为：

[I, n]=quad('fname', a, b, tol, trace)

其中，fname 是被积函数名；a 和 b 分别是定积分的下限和上限；tol 用来控制积分精度，缺省时取 tol=0.001；trace 控制是否展现积分过程，若取非 0 则展现积分过程，取 0 则不展现，缺省时取 trace=0；返回参数 I 即定积分值；n 为被积函数的调用次数。

例 8-1　求定积分。

（1）建立被积函数文件 fesin.m。

function f=fesin(x)

f=exp(-0.5*x).*sin(x+pi/6);

（2）调用数值积分函数 quad 求定积分。

[S，n]=quad('fesin', 0, 3*pi)

S =

　　0.9008

n =

　　77

2．牛顿-柯特斯法

基于牛顿-柯特斯法，MATLAB 给出了 quad8 函数来求定积分。该函数的调用格式为：

[I, n]=quad8('fname', a, b, tol, trace)

其中参数的含义和 quad 函数相似，只是 tol 的缺省值取 10^{-6}。该函数可以更精确地求出定积分的值，且一般情况下函数调用的步数明显小于 quad 函数，从而保证能以更高的效率求出所需的定积分值。

例 8-2　求定积分。

（1）被积函数文件 fx.m。

```
function f=fx(x)
f=x.*sin(x)./(1+cos(x).*cos(x));
```

（2）调用函数 quad8 求定积分。

```
I=quad8('fx', 0, pi)
I =
    2.4674
```

例 8-3　分别用 quad 函数和 quad8 函数求定积分的近似值，并在相同的积分精度下，比较函数的调用次数。

调用函数 quad 求定积分：

```
format long;
fx=inline('exp(-x)');
[I, n]=quad(fx, 1, 2.5, 1e-10)
I =
    0.28579444254766
n =
    65
```

调用函数 quad8 求定积分：

```
format long;
fx=inline('exp(-x)');
[I, n]=quad8(fx, 1, 2.5, 1e-10)
I =
    0.28579444254754
n =
    33
```

3．被积函数由一个表格定义

在 MATLAB 中，对由表格形式定义的函数关系的求定积分问题用 trapz(X，Y)函数。其中，向量 X，Y 定义函数关系 Y=f(X)。

例 8-4　用 trapz 函数计算定积分。

命令如下：

```
X=1: 0.01: 2.5;
Y=exp(-X); %生成函数关系数据向量
```

```
trapz(X，Y)
ans =
    0.28579682416393
```

8.1.3　二重定积分的数值求解

使用 MATLAB 提供的 dblquad 函数就可以直接求出上述二重定积分的数值解。该函数的调用格式为：

I=dblquad(f，a，b，c，d，tol，trace)

该函数求 f(x，y)在[a, b]×[c, d]区域上的二重定积分。参数 tol，trace 的用法与函数 quad 完全相同。

例 8-5　计算二重定积分

（1）建立一个函数文件 fxy.m：

```
function f=fxy(x，y)
global ki；
ki=ki+1；%ki 用于统计被积函数的调用次数
f=exp(-x.^2/2).*sin(x.^2+y)；
```

（2）调用 dblquad 函数求解。

```
global ki；ki=0；
I=dblquad('fxy'，-2，2，-1，1)
ki
I =
    1.57449318974494
ki =
    1038
```

8.2　数值微分

8.2.1　数值差分

"差分法"是在比较两个分数大小时，用"直除法"或"化同法"等其他速算方式难以解决时可以采取的一种速算方式。

差分法是微分方程的一种近似数值解法。把微分用有限差分代替，把导数用有限差商代替，从而把基本方程和边界条件近似地改用差分方程表示，把求解微分方程的问题改换成为求解代数方程的问题。

8.2.2　数值微分的实现

在 MATLAB 中，没有直接提供求数值导数的函数，只有计算向前差分的函数 diff，其调用格式为：

DX=diff(X)：计算向量 X 的向前差分，DX(i)=X(i+1)-X(i)，i=1，2，…，n-1。

DX=diff(X，n)：计算 X 的 n 阶向前差分。例如，diff(X，2)=diff(diff(X))。

DX=diff(A，n，dim)：计算矩阵 A 的 n 阶差分，dim=1 时（缺状态），按列计算差分；dim=2，按行计算差分。

例 8-6　生成以向量 V=[1，2，3，4，5，6]为基础的范得蒙矩阵，按列进行差分运算。

命令如下：

V=vander(1：6)

DV=diff(V)%计算 V 的一阶差分

例 8-7　用不同的方法求函数 f(x)的数值导数,并在同一个坐标系中做出 f'(x)的图像。

程序如下：

```
f=inline('sqrt(x.^3+2*x.^2-x+12)+(x+5).^(1/6)+5*x+2');
g=inline('(3*x.^2+4*x-1)./sqrt(x.^3+2*x.^2-x+12)/2+1/6./(x+5).^(5/6)+5');
x=-3:0.01:3;
p=polyfit(x，f(x)，5)；%用 5 次多项式 p 拟合 f(x)
dp=polyder(p)；%对拟合多项式 p 求导数 dp
dpx=polyval(dp，x)；%求 dp 在假设点的函数值
dx=diff(f([x，3.01]))/0.01；%直接对 f(x)求数值导数
gx=g(x)；%求函数 f 的导函数 g 在假设点的导数
plot(x，dpx，x，dx，'.'，x，gx，'-')；%作图
```

情景九 MATLAB 符号计算

9.1 符号对象

9.1.1 建立符号对象

1. 建立符号变量和符号常量

MATLAB 提供了两个建立符号对象的函数：sym 和 syms，两个函数的用法不同。

（1）sym 函数。

sym 函数用来建立单个符号量，一般调用格式为：

符号量名=sym('符号字符串')

该函数可以建立一个符号量，符号字符串可以是常量、变量、函数或表达式。

应用 sym 函数还可以定义符号常量，使用符号常量进行代数运算时和数值常量进行的运算不同。下面的命令用于比较符号常量与数值常量在代数运算时的差别。

（2）syms 函数

函数 sym 一次只能定义一个符号变量，使用不方便。MATLAB 提供了另一个函数 syms，一次可以定义多个符号变量。syms 函数的一般调用格式为：

syms 符号变量名 1 符号变量名 2 … 符号变量名 n

用这种格式定义符号变量时不要在变量名上加字符串分界符（'），变量间用空格而不要用逗号分隔。

2. 建立符号表达式

含有符号对象的表达式称为符号表达式。建立符号表达式有以下 3 种方法：

（1）利用单引号来生成符号表达式。

（2）用 sym 函数建立符号表达式。

（3）使用已经定义的符号变量组成符号表达式。

9.1.2 符号表达式运算

1. 符号表达式的四则运算

符号表达式的加、减、乘、除运算可分别由函数 symadd、symsub、symmul 和 symdiv 来实现，幂运算可以由 sympow 来实现。

2. 符号表达式的提取分子和分母运算

如果符号表达式是一个有理分式或可以展开为有理分式，可利用 numden 函数来提取符号表达式中的分子或分母。其一般调用格式为：

[n，d]=numden(s)

该函数提取符号表达式 s 的分子和分母，分别将它们存放在 n 与 d 中。

3．符号表达式的因式分解与展开

MATLAB 提供了符号表达式的因式分解与展开的函数，函数的调用格式为：

factor(s)：对符号表达式 s 分解因式。

expand(s)：对符号表达式 s 进行展开。

collect(s)：对符号表达式 s 合并同类项。

collect(s，v)：对符号表达式 s 按变量 v 合并同类项。

4．符号表达式的化简

MATLAB 提供的对符号表达式化简的函数有：

simplify(s)：应用函数规则对 s 进行化简。

simple(s)：调用 MATLAB 的其他函数对表达式进行综合化简，并显示化简过程。

5．符号表达式与数值表达式之间的转换

利用函数 sym 可以将数值表达式变换成它的符号表达式。

函数 numeric 或 eval 可以将符号表达式变换成数值表达式。

9.1.3　符号表达式中变量的确定

MATLAB 中的符号可以表示符号变量和符号常量。findsym 可以帮助用户查找一个符号表达式中的的符号变量。该函数的调用格式为：

findsym(s，n)

函数返回符号表达式 s 中的 n 个符号变量，若没有指定 n，则返回 s 中的全部符号变量。

9.1.4　符号矩阵

符号矩阵也是一种符号表达式，所以前面介绍的符号表达式运算都可以在矩阵意义下进行。但应注意这些函数作用于符号矩阵时，是分别作用于矩阵的每一个元素。

由于符号矩阵是一个矩阵，所以符号矩阵还能进行有关矩阵的运算。MATLAB 还有一些专用于符号矩阵的函数，这些函数作用于单个的数据无意义。例如

transpose(s)：返回 s 矩阵的转置矩阵。

determ(s)：返回 s 矩阵的行列式值。

其实，曾介绍过的许多应用于数值矩阵的函数，如 diag、triu、tril、inv、det、rank、eig 等，也可直接应用于符号矩阵。

9.2 符号微积分

9.2.1 符号极限

limit 函数的调用格式为:

（1）limit(f，x，a)：求符号函数 f(x)的极限值。即计算当变量 x 趋近于常数 a 时，f(x)函数的极限值。

（2）limit(f，a)：求符号函数 f(x)的极限值。由于没有指定符号函数 f(x)的自变量，则使用该格式时，符号函数 f(x)的变量为函数 findsym(f)确定的默认自变量，即变量 x 趋近于 a。

（3）limit(f)：求符号函数 f(x)的极限值。符号函数 f(x)的变量为函数 findsym(f)确定的默认变量；没有指定变量的目标值时，系统默认变量趋近于 0，即 a=0 的情况。

（4）limit(f，x，a，'right')：求符号函数 f 的极限值。'right'表示变量 x 从右边趋近于 a。

（5）limit(f，x，a，'left'）：求符号函数 f 的极限值。'left'表示变量 x 从左边趋近于 a。

例 9-1　求下列极限。

极限 1:

```
syms a m x;
f=(x*(exp(sin(x))+1)-2*(exp(tan(x))-1))/(x+a);
limit(f，x，a)
ans =
(1/2*a*exp(sin(a))+1/2*a-exp(tan(a))+1)/a
```

极限 2:

```
syms x t;
limit((1+2*t/x)^(3*x)，x，inf)
ans =
exp(6*t)
```

极限 3:

```
syms x;
f=x*(sqrt(x^2+1)-x);
limit(f，x，inf，'left')
ans =
1/2
```

极限 4:

```
syms x;
f=(sqrt(x)-sqrt(2)-sqrt(x-2))/sqrt(x*x-4);
limit(f，x，2，'right')
```

ans =

−1/2

9.2.2　符号导数

diff 函数用于对符号表达式求导数。该函数的一般调用格式为：

diff(s)：没有指定变量和导数阶数，则系统按 findsym 函数指示的默认变量对符号表达式 s 求一阶导数。

diff(s，'v')：以 v 为自变量，对符号表达式 s 求一阶导数。

diff(s，n)：按 findsym 函数指示的默认变量对符号表达式 s 求 n 阶导数，n 为正整数。

diff(s，'v'，n)：以 v 为自变量，对符号表达式 s 求 n 阶导数。

9.2.3　符号积分

符号积分由函数 int 来实现。该函数的一般调用格式为：

int(s)：没有指定积分变量和积分阶数时，系统按 findsym 函数指示的默认变量对被积函数或符号表达式 s 求不定积分。

int(s，v)：以 v 为自变量，对被积函数或符号表达式 s 求不定积分。

int(s，v，a，b)：求定积分运算。a，b 分别表示定积分的下限和上限。该函数求被积函数在区间[a，b]上的定积分。a 和 b 可以是两个具体的数，也可以是一个符号表达式，还可以是无穷（inf）。当函数 f 关于变量 x 在闭区间[a，b]上可积时，函数返回一个定积分结果。当 a，b 中有一个是 inf 时，函数返回一个广义积分。当 a，b 中有一个符号表达式时，函数返回一个符号函数。

9.2.4　积分变换

常见的积分变换有傅立叶变换、拉普拉斯变换和 Z 变换。

1．傅立叶（Fourier）变换

在 MATLAB 中，进行傅立叶变换的函数是：

fourier(f，x，t)：求函数 f(x)的傅立叶像函数 F(t)。

ifourier(F，t，x)：求傅立叶像函数 F(t)的原函数 f(x)。

2．拉普拉斯（Laplace）变换

在 MATLAB 中，进行拉普拉斯变换的函数是：

laplace(fx，x，t)：求函数 f(x)的拉普拉斯像函数 F(t)。

ilaplace(Fw，t，x)：求拉普拉斯像函数 F(t)的原函数 f(x)。

3．Z 变换

当函数 f(x)呈现为一个离散的数列 f(n)时，对数列 f(n)进行 z 变换的 MATLAB 函数是：

ztrans(fn，n，z)：求 fn 的 Z 变换像函数 F(z)。

iztrans(Fz，z，n)：求 Fz 的 z 变换原函数 f(n)。

9.3　级数

9.3.1　级数符号求和

求无穷级数的和需要符号表达式求和函数 symsum，其调用格式为：

symsum(s，v，n，m)

其中，s 表示一个级数的通项，是一个符号表达式；v 是求和变量，v 省略时使用系统的默认变量；n 和 m 是求和的开始项和末项。

9.3.2　函数的泰勒级数

MATLAB 提供了 taylor 函数将函数展开为幂级数，其调用格式为：

taylor(f，v，n，a)

该函数将函数 f 按变量 v 展开为泰勒级数，展开到第 n 项（即变量 v 的 n-1 次幂）为止，n 的缺省值为 6。v 的缺省值与 diff 函数相同。参数 a 指定将函数 f 在自变量 v=a 处展开，a 的缺省值是 0。

9.4　符号方程求解

9.4.1　符号代数方程求解

在 MATLAB 中，求解用符号表达式表示的代数方程可由函数 solve 实现，其调用格式为：

solve(s)：求解符号表达式 s 的代数方程，求解变量为默认变量。

solve(s，v)：求解符号表达式 s 的代数方程，求解变量为 v。

solve(s1，s2，…，sn，v1，v2，…，vn)：求解符号表达 s1，s2，…，sn 组成的代数方程组，求解变量分别 v1，v2，…，vn。

9.4.2　符号常微分方程求解

在 MATLAB 中，用大写字母 D 表示导数。例如，Dy 表示 y'，D2y 表示 y"，Dy(0)=5 表示 y'(0)=5。D3y+D2y+Dy-x+5=0 表示微分方程 y'''+y"+y'-x+5=0。符号常微分方程求解可以通过函数 dsolve 来实现，其调用格式为：

dsolve(e，c，v)

该函数求解常微分方程 e 在初值条件 c 下的特解。参数 v 描述方程中的自变量，省略时按缺省原则处理，若没有给出初值条件 c，则求方程的通解。

dsolve 在求常微分方程组时的调用格式为：

dsolve(e1，e2，…，en，c1，…，cn，v1，…，vn)

该函数求解常微分方程组 e1，…，en 在初值条件 c1，…，cn 下的特解，若不给出初值条件，则求方程组的通解，v1，…，vn 给出求解变量。

情景十　MATLAB 图形句柄

10.1　图形对象及其句柄

1. 图形对象

MATLAB 的图形对象包括计算机屏幕、图形窗口、坐标轴、用户菜单、用户控件、曲线、曲面、文字、图像、光源、区域块和方框等。系统将每一个对象按树型结构组织起来。

2. 图形对象句柄

MATLAB 在创建每一个图形对象时，都为该对象分配唯一的一个值，称其为图形对象句柄（Handle）。句柄是图形对象的唯一标识符，不同对象的句柄不可能重复和混淆。

计算机屏幕作为根对象由系统自动建立，其句柄值为 0，而图形窗口对象的句柄值为一正整数，并显示在该窗口的标题栏，其他图形对象的句柄为浮点数。MATLAB 提供了若干个函数用于获取已有图形对象的句柄。

10.2　图形对象属性

1. 属性名与属性值

MATLAB 给每种对象的每一个属性规定了一个名字，称为属性名，而属性名的取值称为属性值。

2. 属性的操作

set 函数的调用格式为：

set(句柄，属性名 1，属性值 1，属性名 2，属性值 2，…)

其中句柄用于指明要操作的图形对象。如果在调用 set 函数时省略全部属性名和属性值，则将显示出句柄所有的允许属性。

get 函数的调用格式为：

V=get(句柄，属性名)

其中 V 是返回的属性值。如果在调用 get 函数时省略属性名，则将返回句柄所有的属性值。

3. 对象的公共属性

对象常用的公共属性：Children 属性、Parent 属性、Tag 属性、Type 属性、UserData 属性、Visible 属性、ButtonDownFcn 属性、CreateFcn 属性、DeleteFcn 属性。

10.3　图形对象的创建

10.3.1　图形窗口对象

建立图形窗口对象使用 figure 函数，其调用格式为：

句柄变量=figure(属性名 1，属性值 1，属性名 2，属性值 2，…)

MATLAB 通过对属性的操作来改变图形窗口的形式。也可以使用 figure 函数按 MATLAB 缺省的属性值建立图形窗口：

figure 或句柄变量=figure

要关闭图形窗口，使用 close 函数，其调用格式为：

close(窗口句柄)

另外，close all 命令可以关闭所有的图形窗口，clf 命令是清除当前图形窗口的内容，但不关闭窗口。

MATLAB 为每个图形窗口提供了很多属性。这些属性及其取值控制着图形窗口对象。除公共属性外，其他常用属性如下：MenuBar 属性、Name 属性、NumberTitle 属性、Resize 属性、Position 属性、Units 属性、Color 属性、Pointer 属性、KeyPressFcn（键盘键按下响应）、WindowButtonDownFcn（鼠标键按下响应）、WindowButtonMotionFcn（鼠标移动响应）及 WindowButtonUpFcn（鼠标键释放响应）等。

10.3.2　坐标轴对象

建立坐标轴对象使用 axes 函数，其调用格式为：

句柄变量=axes(属性名 1，属性值 1，属性名 2，属性值 2，…)

调用 axes 函数用指定的属性在当前图形窗口创建坐标轴，并将其句柄赋给左边的句柄变量。也可以使用 axes 函数按 MATLAB 缺省的属性值在当前图形窗口创建坐标轴：

axes 或句柄变量= axes

用 axes 函数建立坐标轴之后，还可以调用 axes 函数将之设定为当前坐标轴，且坐标轴所在的图形窗口自动成为当前图形窗口：

axes(坐标轴句柄)

MATLAB 为每个坐标轴对象提供了很多属性。除公共属性外，其他常用属性如下：Box 属性、GridLineStyle 属性、Position 属性、Units 属性、Title 属性等。

例 10-4　利用坐标轴对象实现图形窗口的任意分割。

利用 axes 函数可以在不影响图形窗口上其他坐标轴的前提下建立一个新的坐标轴，从而实现图形窗口的任意分割。

10.3.3　曲线对象

建立曲线对象使用 line 函数，其调用格式为：

句柄变量=line(x，y，z，属性名 1，属性值 1，属性名 2，属性值 2，…)

其中，对 x，y，z 的解释与高层曲线函数 plot 和 plot3 等一样，其余的解释与前面介绍过的 figure 和 axes 函数类似。

每个曲线对象也具有很多属性。除公共属性外，其他常用属性如下：Color 属性、LineStyle 属性、LineWidth 属性、Marker 属性、MarkerSize 属性等。

10.3.4　文字对象

使用 text 函数可以根据指定位置和属性值添加文字说明，并保存句柄。该函数的调用格式为：

句柄变量=text(x，y，z，'说明文字'，属性名 1，属性值 1，属性名 2，属性值 2，…)
其中，说明文字中除使用标准的 ASCII 字符外，还可使用 LaTeX 格式的控制字符。

除公共属性外，文字对象的其他常用属性如下：Color 属性、String 属性、Interpreter 属性、FontSize 属性、Rotation 属性。

10.3.5　曲面对象

建立曲面对象使用 surface 函数，其调用格式为：

句柄变量=surface(x，y，z，属性名 1，属性值 1，属性名 2，属性值 2，…)
其中，对 x，y，z 的解释与高层曲面函数 mesh 和 surf 等一样，其余的解释与前面介绍过的 figure 和 axes 等函数类似。

每个曲面对象也具有很多属性。除公共属性外，其他常用属性如下：EdgeColor 属性、FaceColor 属性、LineStyle 属性、LineWidth 属性、Marker 属性、MarkerSize 属性等。

情景十一　MATLAB 图形用户界面设计

11.1　菜单设计

11.1.1　建立用户菜单

要建立用户菜单可用 uimenu 函数，因其调用方法不同，该函数可以用于建立一级菜单项和子菜单项。

建立一级菜单项的函数调用格式为：

一级菜单项句柄=uimenu(图形窗口句柄,属性名 1,属性值 1,属性名 2,属性值 2,…)

建立子菜单项的函数调用格式为：

子菜单项句柄=uimenu(一级菜单项句柄,属性名 1,属性值 1,属性名 2,属性值 2,…)

11.1.2　菜单对象常用属性

菜单对象具有 Children、Parent、Tag、Type、UserData、Visible 等公共属性，除公共属性外，还有一些常用的特殊属性。

11.1.3　快捷菜单

快捷菜单是用鼠标右键单击某对象时在屏幕上弹出的菜单。这种菜单出现的位置是不固定的，而且总是和某个图形对象相联系。在 MATLAB 中，可以使用 uicontextmenu 函数和图形对象 UIContextMenu 属性来建立快捷菜单，具体步骤为：

（1）利用 uicontextmenu 函数建立快捷菜单。

（2）利用 uimenu 函数为快捷菜单建立菜单项。

（3）利用 set 函数将该快捷菜单和某图形对象联系起来。

11.2　对话框设计

11.2.1　对话框的控件

在对话框上有各种各样的控件，利用这些控件可以实现有关控制。这些控件包括：

（1）按钮（Push Button）。

（2）双位按钮（Toggle Button）。

（3）单选按钮（Radio Button）。

（4）复选框（Check Box）。

（5）列表框（List Box）。

（6）弹出框（Popup Menu）。

（7）编辑框（Edit Box）。

（8）滑动条（Slider）。

（9）静态文本（Static Text）。

（10）边框（Frame）。

11.2.2　对话框的设计

1．建立控件对象

MATLAB 提供了用于建立控件对象的函数 uicontrol，其调用格式为：

对象句柄=uicontrol(图形窗口句柄，属性名 1，属性值 1，属性名 2，属性值 2，…)
其中各个属性名及可取的值和前面介绍的 uimenu 函数相似，但也不尽相同，下面将介绍一些常用的属性。

2．控件对象的属性

MATLAB 的 10 种控件对象使用相同的属性类型，但是这些属性对于不同类型的控件对象，其含义不尽相同。除 Children、Parent、Tag、Type、UserData、Visible 等公共属性外，还有一些常用的特殊属性。

11.3　图形用户界面设计工具

MATLAB 的用户界面设计工具共有 6 个，它们是：

（1）图形用户界面设计窗口：在窗口内创建、安排各种图形对象。

（2）菜单编辑器（Menu Editor）：创建、设计、修改下拉式菜单和快捷菜单。

（3）对象属性查看器（Property Inspector）：可查看每个对象的属性值，也可修改设置对象的属性值。

（4）位置调整工具（Alignment Tool）：可利用该工具左右、上下对多个对象的位置进行调整。

（5）对象浏览器（Object Browser）：可观察当前设计阶段的各个句柄图形对象。

（6）Tab 顺序编辑器（Tab Order Editor）：通过该工具，设置当用户按下键盘上的 Tab 键时，对象被选中的先后顺序。

11.3.1　图形用户界面设计窗口

1．GUI 设计模板

在 MATLAB 主窗口中，选择 File 菜单中的 New 菜单项，再选择其中的 GUI 命令，就会显示图形用户界面的设计模板。MATLAB 为 GUI 设计一共准备了 4 种模板，分别是

BlankGUI（默认）、GUI with Uicontrols（带控件对象的 GUI 模板）、GUI with Axes and Menu（带坐标轴与菜单的 GUI 模板）与 Modal Question Dialog（带模式问话对话框的 GUI 模板）。

当用户选择不同的模板时，在 GUI 设计模板界面的右边就会显示出与该模板对应的 GUI 图形。

2．GUI 设计窗口

在 GUI 设计模板中选中一个模板，然后单击 OK 按钮，就会显示 GUI 设计窗口。选择不同的 GUI 设计模式时，在 GUI 设计窗口中显示的结果是不一样的。

GUI 设计窗口由菜单栏、工具栏、控件工具栏以及图形对象设计区等部分组成。GUI 设计窗口的菜单栏有 File、Edit、View、Layout、Tools 和 Help 6 个菜单项，使用其中的命令可以完成图形用户界面的设计操作。

3．GUI 设计窗口的基本操作

在 GUI 设计窗口创建图形对象后，通过双击该对象，就会显示该对象的属性编辑器。例如，创建一个 Push Button 对象，并设计该对象的属性值。

11.3.2　对象属性查看器

利用对象属性查看器，可以查看每个对象的属性值，也可以修改、设置对象的属性值，从 GUI 设计窗口工具栏上选择 Property Inspector 命令按钮，或者选择 View 菜单下的 Property Inspector 子菜单，就可以打开对象属性查看器。

另外，在 MATLAB 命令窗口的命令行上输入 inspect，也可以看到对象属性查看器。

在选中某个对象后，可以通过对象属性查看器，查看该对象的属性值，也可以方便地修改对象属性的属性值。

11.3.3　菜单编辑器

利用菜单编辑器，可以创建、设置、修改下拉式菜单和快捷菜单。从 GUI 设计窗口的工具栏上选择 Menu Editor 命令按钮，或者选择 Tools 菜单下的 Menu Editor 子菜单，就可以打开菜单编辑器。

菜单编辑器左上角的第一个按钮用于创建一级菜单项。第二个按钮用于创建一级菜单的子菜单。

菜单编辑器的左下角有两个按钮，选择第一个按钮，可以创建下拉式菜单。选择第二个按钮，可以创建 Context Menu 菜单。选择后，菜单编辑器左上角的第三个按钮就会变成可用，单击它就可以创建 Context Menu 主菜单。在选中已经创建的 Context Menu 主菜单后，可以单击第二个按钮创建选中的 Context Menu 主菜单的子菜单。与下拉式菜单一样，选中创建的某个 Context Menu 菜单，菜单编辑器的右边就会显示该菜单的有关属性，可以在这里设置、修改菜单的属性。

菜单编辑器左上角的第四个与第五个按钮用于对选中的菜单进行左移与右移，第六与第七个按钮用于对选中的菜单进行上移与下移，最右边的按钮用于删除选中的菜单。

11.3.4　位置调整工具

利用位置调整工具，可以对 GUI 对象设计区内的多个对象的位置进行调整。从 GUI 设计窗口的工具栏上选择 AlignObjects 命令按钮，或者选择 Tools 菜单下的 Align Objects 菜单项，就可以打开对象位置调整器：

对象位置调整器中的第一栏是垂直方向的位置调整。

对象位置调整器中的第二栏是水平方向的位置调整。

在选中多个对象后，可以方便地通过对象位置调整器调整对象间的对齐方式和距离。

11.3.5　对象浏览器

利用对象浏览器，可以查看当前设计阶段的各个句柄图形对象。从 GUI 设计窗口的工具栏上选择 Object Browser 命令按钮，或者选择 View 菜单下的 Object Browser 子菜单，就可以打开对象浏览器。例如，在对象设计区内创建了 3 个对象，它们分别是 Edit Text、Push Button、ListBox 对象，此时单击 Object Browser 按钮，可以看到对象浏览器。

在对象浏览器中，可以看到已经创建的 3 个对象以及图形窗口对象 figure。用鼠标双击图中的任何一个对象，可以进入对象的属性查看器界面。

11.3.6　Tab 顺序编辑器

利用 Tab 顺序编辑器（Tab Order Editor），可以设置用户按键盘上的 Tab 键时，对象被选中的先后顺序。选择 Tools 菜单下的 Tab Order Editor 菜单项，就可以打开 Tab 顺序编辑器。例如，若在 GUI 设计窗口中创建了 3 个对象，与它们相对应的 Tab 顺序编辑器。

情景十二　Simulink 动态仿真集成环境

12.1　Simulink 操作基础

12.1.1　Simulink 简介

Simulink 是 MATLAB 的重要组成部分，提供建立系统模型、选择仿真参数和数值算法、启动仿真程序对该系统进行仿真、设置不同的输出方式来观察仿真结果等功能。

12.1.2　Simulink 的启动与退出

1．Simulink 的启动

在 MATLAB 的命令窗口输入 simulink 或单击 MATLAB 主窗口工具栏上的 Simulink 命令按钮即可启动 Simulink。Simulink 启动后会显示 Simulink 模块库浏览器（Simulink Library Browser）窗口。

在 MATLAB 主窗口 File 菜单中选择 New 菜单项下的 Model 命令，在出现 Simulink 模块库浏览器的同时，还会出现一个名字为 untitled 的模型编辑窗口。在启动 Simulink 模块库浏览器后再单击其工具栏中的 Create a new model 命令按钮，也会弹出模型编辑窗口。利用模型编辑窗口，可以通过鼠标的拖放操作创建一个模型。

模型创建完成后，从模型编辑窗口的 File 菜单项中选择 Save 或 Save As 命令，可以将模型以模型文件的格式（扩展名为.mdl）存入磁盘。

如果要对一个已经存在的模型文件进行编辑修改，需要打开该模型文件，其方法是，在 MATLAB 命令窗口直接输入模型文件名（不要加扩展名.mdl）。在模块库浏览器窗口或模型编辑窗口的 File 菜单中选择 Open 命令，然后选择或输入欲编辑模型的名字，也能打开已经存在的模型文件。另外，单击模块库浏览器窗口工具栏上的 Open a model 命令按钮或模型编辑窗口工具栏上的 Open model 命令按钮，也能打开已经存在的模型文件。

2. Simulink 的退出

为了退出 Simulink，只要关闭所有模型编辑窗口和 Simulink 模块库浏览器窗口即可。

12.2　系统仿真模型

12.2.1　Simulink 的基本模块

Simulink 的模块库提供了大量模块。单击模块库浏览器中 Simulink 前面的"+"号，将看到 Simulink 模块库中包含的子模块库，单击所需要的子模块库，在右边的窗口中将看到相应的基本模块，选择所需基本模块，可用鼠标将其拖到模型编辑窗口。同样，在模块库浏览器左侧的 Simulink 栏上单击鼠标右键，在弹出的快捷菜单中单击 Open the 'Simulink' Libray 命令，将打开 Simulink 基本模块库窗口。单击其中的子模块库图标，打开子模块库，找到仿真所需要的基本模块。

12.2.2　模块的编辑

（1）添加模块；

（2）选取模块；

（3）复制与删除模块；

（4）模块外形的调整；

（5）模块名的处理。

12.2.3　模块的连接

（1）连接两个模块；

（2）模块间连线的调整；

（3）连线的分支；

（4）标注连线；

（5）删除连线。

12.2.4　模块的参数和属性设置

1．模块的参数设置

Simulink 中几乎所有模块的参数都允许用户进行设置，只要双击要设置的模块或在模块上按鼠标右键并在弹出的快捷菜单中选择相应模块的参数设置命令就会弹出模块参数对话框。该对话框分为两部分，上面一部分是模块功能说明，下面一部分用来进行模块参数设置。

同样，先选择要设置的模块，再在模型编辑窗口 Edit 菜单下选择相应模块的参数设置命令也可以打开模块参数对话框。

2．模块的属性设置

选定要设置属性的模块，然后在模块上按鼠标右键并在弹出的快捷菜单中选择 Block properties，或先选择要设置的模块，再在模型编辑窗口的 Edit 菜单下选择 Block properties 命令，将打开模块属性对话框。该对话框包括 General、Block 、annotation 和 Callbacks 3 个可以相互切换的选项卡。

其中选项卡中可以设置 3 个基本属性：

Description（说明）、Priority（优先级）、Tag（标记）。

例 12-1　有系统的微分方程，试建立系统仿真模型。

操作过程如下：

（1）在 MATLAB 主菜单中，选择 File 菜单中 New 菜单项的 Model 命令，打开一个模型编辑窗口。

（2）将所需模块添加到模型中。

（3）设置模块参数并连接各个模块组成仿真模型。

设置模块参数后，用连线将各个模块连接起来组成系统仿真模型。模型建好后，从模型编辑窗口的 File 菜单中选择 Save 或 Save as 命令将它存盘。

12.3　系统的仿真

12.3.1　设置仿真参数

打开系统仿真模型，从模型编辑窗口的 Simulation 菜单中选择 Simulation parameters 命令，打开一个仿真参数对话框，在其中可以设置仿真参数。仿真参数对话框包含 5 个可以相互切换的选项卡：

（1）Solver 选项卡：用于设置仿真起始和停止时间，选择微分方程求解算法并为其规定参数，以及选择某些输出选项。

（2）Workspace I/O 选项卡：用于管理对 MATLAB 工作空间的输入和输出。

（3）Diagnostics 选项卡：用于设置在仿真过程中出现各类错误时发出警告的等级。

（4）Advanced 选项卡：用于设置一些高级仿真属性，更好地控制仿真过程。

（5）Real-time Workshop 选项卡：用于设置若干实时工具中的参数。如果没有安装实时工具箱，则将不出现该选项卡。

12.3.2　启动系统仿真与仿真结果分析

设置完仿真参数之后，从 Simulation 中选择 Start 菜单项或单击模型编辑窗口中的 Start Simulation 命令按钮，便可启动对当前模型的仿真。此时，Start 菜单项变成不可选，而 Stop 菜单项变成可选，以供中途停止仿真使用。从 Simulation 菜单中选择 Stop 项停止仿真后，Start 项又变成可选。

为了观察仿真结果的变化轨迹可以采用 3 种方法：

（1）把输出结果送给 Scope 模块或者 XY Graph 模块。

（2）把仿真结果送到输出端口并作为返回变量，然后使用 MATLAB 命令画出该变量的变化曲线。

（3）把输出结果送到 To Workspace 模块，从而将结果直接存入工作空间，然后用 MATLAB 命令画出该变量的变化曲线。

例 12-2　利用 Simulink 仿真曲线。

仿真过程如下：

（1）启动 Simulink 并打开模型编辑窗口。

（2）将所需模块添加到模型中。

（3）设置模块参数并连接各个模块组成仿真模型。

设置模块参数后，用连线将各个模块连接起来组成仿真模型。

（4）设置系统仿真参数。

（5）开始系统仿真。

（6）观察仿真结果。

例 12-3　利用 Simulink 仿真求定积分。

仿真过程如下：

（1）打开一个模型编辑窗口。

（2）将所需模块添加到模型中。

（3）设置模块参数并连接各个模块组成仿真模型。

（4）设置系统仿真参数。

（5）开始系统仿真。

（6）观察仿真结果。

12.3.3　系统仿真实例

至此，可以总结出利用 Simulink 进行系统仿真的步骤如下：

（1）建立系统仿真模型，这包括添加模块、设置模块参数以及进行模块连接等操作。

（2）设置仿真参数。

（3）启动仿真并分析仿真结果。

例 12-4　有初始状态为 0 的二阶微分方程 $x''+0.2x'+0.4x=0.2u$（t），其中 u（t）是单位阶跃函数，试建立系统模型并仿真。

方法 1：用积分器直接构造求解微分方程的模型。

方法 2：利用传递函数模块建模。

方法 3：利用状态方程模块建模。

12.4　使用命令操作对系统进行仿真

从命令窗口运行仿真的函数有 4 个，即 sim、simset、simget 和 set_param。

1．sim 函数

sim 函数的作用是运行一个由 Simulink 建立的模型，其调用格式为：

[t，x，y]=sim(modname，timespan，options，data)；

2．simset 函数

simset 函数用来为 sim 函数建立或编辑仿真参数或规定算法，并把设置结果保存在一个结构变量中。它有如下 4 种用法：

（1）options=simset(property，value，…)：把 property 代表的参数赋值为 value，结果保存在结构 options 中。

（2）options=simset(old_opstruct，property，value，…)：把已有的结构 old_opstruct（由 simset 产生）中的参数 property 重新赋值为 value，结果保存在新结构 options 中。

（3）options=simset(old_opstruct，new_opstruct)：用结构 new_opstruct 的值替代已经存在的结构 old_opstruct 的值。

（4）simset：显示所有的参数名和它们可能的值。

3．simget 函数

simget 函数用来获得模型的参数设置值。如果参数值是用一个变量名定义的，simget返回的也是该变量的值而不是变量名。如果该变量在工作空间中不存在（即变量未被赋值），则 Simulink 给出一个出错信息。该函数有如下 3 种用法：

（1）struct=simget(modname)：返回指定模型 model 的参数设置的 options 结构。

（2）value=simget(modname，property)：返回指定模型 model 的参数 property 的值。

（3）value=simget(options，property)：获取 options 结构中的参数 property 的值。如果在该结构中未指定该参数，则返回一个空阵。

用户只需输入能够唯一识别它的那个参数名称的前几个字符即可，对参数名称中字母的大小写不作区别。

4．set_param 函数

set_param 函数的功能很多，这里只介绍如何用 set_param 函数设置 Simulink 仿真参数以及如何开始、暂停、终止仿真进程或者更新显示一个仿真模型。

1）设置仿真参数

调用格式为：

set_param(modname，property，value，…)

其中，modname 为设置的模型名，property 为要设置的参数，value 是设置值。这里设置的参数可以有很多种，而且和用 simset 设置的内容不尽相同，相关参数的设置可以参考有关资料。

2）控制仿真进程

调用格式为：

set_param(modname，'SimulationCommand'，'cmd')

其中，mode 为仿真模型名称，而 cmd 是控制仿真进程的各个命令，包括 start、stop、pause、comtinue 或 update。

在使用这两个函数的时候，需要注意必须先把模型打开。

12.5 子系统及其封装技术

12.5.1 子系统的建立

建立子系统有两种方法：通过 Subsystem 模块建立子系统和通过已有的模块建立子系

统。两者的区别是：前者先建立子系统，再为其添加功能模块；后者先选择模块，再建立子系统。

1. 通过 Subsystem 模块建立子系统

操作步骤为：

（1）先打开 Simulink 模块库浏览器，新建一个仿真模型。

（2）打开 Simulink 模块库中的 Ports & Subsystems 模块库，将 Subsystem 模块添加到模型编辑窗口中。

（3）双击 Subsystem 模块打开一个空白的 Subsystem 窗口，将要组合的模块添加到该窗口中，另外还要根据需要添加输入模块和输出模块，表示子系统的输入端口和输出端口。这样，一个子系统就建好了。

2. 通过已有的模块建立子系统

操作步骤为：

（1）先选择要建立子系统的模块，不包括输入端口和输出端口。

（2）选择模型编辑窗口 Edit 菜单中的 Create Subsystem 命令，

这样，子系统就建好了。在这种情况下，系统会自动把输入模块和输出模块添加到子系统中，并把原来的模块变为子系统的图标。

例 12-5　PID 控制器是在自动控制中经常使用的模块，试建立 PID 控制器的模型并建立子系统。

步骤如下：

（1）先建立 PID 控制器的模型。

（2）建立子系统。

12.5.2　子系统的条件执行

1. 使能子系统

建立使能子系统的方法是：打开 Simulink 模块库中的 Ports &Subsystems 模块库，将 Enable 模块复制到子系统模型中，则系统的图标发生了变化。

例 12-6　利用使能子系统构成一个正弦半波整流器。

操作步骤如下：

（1）打开 Simulink 模块库浏览器并新建一个仿真模型。

（2）将 Sine Wave、Enabled Subsystem、Scope 3 个模块拖至新打开的模型编辑窗口，连接各模块并存盘。其中使能信号端接 Sine Wave 模块。

为了便于比较，除显示半波整流波形外，还显示正弦波，故在示波器属性窗口将 Number of axes 设置为 2。

使能子系统建立好后，可对 Enable 模块进行参数设置。

（3）选择 Simulink 菜单中的 Start 命令，就可看到半波整流波形和正弦波形。

2. 触发子系统

触发子系统是指当触发事件发生时开始执行子系统。与使能子系统相类似，触发子系统的建立要把 Ports &Subsystems 模块库中的 Trigger 模块添加到子系统中或直接选择 Triggered Subsystem 模块来建立触发子系统。

例 12-7 利用触发子系统将一锯齿波转换成方波。

操作步骤如下：

（1）用 Signal Generator、Triggered Subsystem 和 Scope 模块构成子系统。

（2）选择 Simulink 菜单中的 Start 命令，就可看到波形。

3. 使能加触发子系统

所谓使能加触发子系统就是把 Enable 和 Tirgger 模块都加到子系统中，使能控制信号和触发控制信号共同作用子系统的执行，也就是前两种子系统的综合。该系统的行为方式与触发子系统相似，但只有当使能信号为正时，触发事件才起作用。

12.5.3 子系统的封装

所谓子系统的封装（Masking），就是为子系统定制对话框和图标，使子系统本身有一个独立的操作界面，把子系统中的各模块的参数对话框合成一个参数设置对话框，在使用时不必打开每个模块进行参数设置，这样使子系统的使用更加方便。

子系统的封装过程很简单，先选中所要封装的子系统，再选择模型编辑窗口 Edit 菜单中的 Mask subsystem 命令，这时将出现封装编辑器（Mask Editor）对话框。

Mask Editor 对话框中共包括 4 个选项卡：Icon、Parameters、Initialization 和 Documentation。子系统的封装主要就是对这 4 页参数进行设置。

12.6 S 函数的设计与应用

S 函数称为系统函数（System Function），它有固定的程序格式。用 MATLAB 语言可以编写 S 函数，此外还可以采用 C、C++、FORTRAN 和 Ada 等语言编写。

12.6.1 用 MATLAB 语言编写 S 函数

编写 S 函数有一套固定的规则，为此，Simulink 提供了一个用 M 文件编写 S 函数的模板。该模板程序存放在 toolbox\simulink\blocks 目录下，文件名为 sfuntmpl.m。用户可以从这个模板出发构建自己的 S 函数。

1. 主程序

S 函数主程序的引导语句为：

function [sys，x0，str，ts]=fname(t，x，u，flag)

2. 子程序

S 函数 M 文件共有 6 个子程序，供 Simulink 在仿真的不同阶段调用。

12.6.2 S 函数的应用

例 12-8 采用 S 函数实现模块 y=nx，即模块的功能是把一个输入信号放大 n 倍以后再输出。

（1）利用 MATLAB 语言写 M 文件。

（2）模块的封装与测试。

情景十三　在 Word 环境下使用 MATLAB

13.1　Notebook 操作基础

13.1.1　Notebook 的安装

首先安装 Word 2002，然后启动 MATLAB，在其命令窗口输入：

notebook -setup

此时，用户根据所用 Word 版本，在最后一行提示后面输入对应序号，并按回车键。于是 MATLAB 会自动寻找 winword.exe 的安装路径，并在该路径下寻找模板文件 normal.dot。如果找到了，则出现提示：

Notebook setup is complete.

表示 Notebook 安装结束。

13.1.2　Notebook 的启动

启动 Notebook 有两种方法：从 Word 中启动或从 MATLAB 命令窗口启动。

（1）从 MATLAB 中启动 Notebook；

（2）从 Word 中启动 Notebook。

13.1.3　Notebook 界面

M-book 模板为用户提供了在 Word 环境下使用 MATLAB 的功能。该模板定义了 Word 与 MATLAB 进行通讯的宏指令、文档样式和工具栏。当调用该模板时的 Word 界面和通常的 Word 界面主要有两点区别：

（1）在菜单栏中多了一个 Notebook 菜单项，Notebook 的许多操作都可以通过该菜单项的命令来完成。

（2）在"文件"菜单项下多了一个 New M-book 命令项。如果在 M-book 模板下要建立新的 M-book 文档，可以选择该命令。

13.2　单元的使用

13.2.1　输入输出单元

1．输入单元

定义输入单元的方法是：首先选中所需命令，然后在 Notebook 菜单项中选择 Define

Input Cell 命令，于是被选中的 MATLAB 命令成为输入单元。定义输入单元也可以在选中所需命令后，直接按组合键 Alt+D 实现。

为了执行输入单元，应选择 Notebook 菜单项中的 Evaluate Cell 命令或直接按组合键 Ctrl+Enter 实现。

2．输出单元

输入单元执行后产生输出单元。如果输入单元经修改后重新执行，那么新的输出单元将替换原有的输出单元。图形的输出格式则通过 Notebook 菜单中的 Notebook Options 来设置。

例 13-1　在 M-book 文档中定义输入单元，要求产生一个 5 阶魔方阵，并求相应的逆矩阵和各元素的倒数矩阵。

操作步骤如下：

（1）在文档中输入 MATLAB 命令。

（2）选中命令行，在 Notebook 菜单项中选 Define Input Cell 命令或直接按组合键 Alt+D，于是命令行就变成了"绿色"的输入单元。

（3）若要把输入单元送去执行，则可用 Notebook 菜单项中的 Evaluate Cell 命令或直接按组合键 Ctrl+Enter，执行后产生"蓝色"的输出单元。输入单元的定义与执行也可以同时进行，先选中 MATLAB 命令，然后从 Notebook 菜单项中选择 Evaluate Cell 命令或直接按组合键 Ctrl+Enter，不但使被选中的命令成为输入单元，而且送去执行，产生输出单元。

例 13-2　输入单元定义与执行同时进行。

在英文状态下，以文本方式键入命令，然后选中命令并按 Ctrl+Enter 键，则得到输入、输出单元。

13.2.2　自动初始化单元

可以把文本形式的 MATLAB 命令或已经存在的输入单元定义为自初始化单元。其方法是：先选中它们，然后选择 Notebook 菜单中的 Define AutoInit Cell 命令即可。

在打开 M-book 文档以后，新定义的自动初始化并不会自动执行，须另外进行运行操作。运行自活细胞的方法同输入细胞一样，选择 Evaluate Cell 菜单命令或按 Ctrl + Enter 键。

13.2.3　单元组

定义单元组的方法如下：

（1）对输入的多行文本型 MATLAB 命令，用鼠标把它们同时选中，然后在 Notebook 菜单中选择 Define Input Cell 或 Define AutoInit Cell 命令，便生成输入单元组或自初始化单元组。

（2）对输入的多行文本型 MATLAB 命令，用鼠标把它们同时选中，然后在 Notebook 菜单中选择 Evaluate Cell 或按组合键 Ctrl+Enter，于是单元组被定义并执行。

（3）把已有的多个独立输入单元或自初始化单元同时选中，然后在 Notebook 菜单中选择 Group Cells，于是，便获得以第一个独立单元的性质组合而成的单元组。

13.2.4　计算区

定义计算区的方法是：先选定包含普通 Word 文本、输入单元和输出单元的一个连续区，然后选择 Notebook 菜单中的 Define Calc Zone 命令。

一旦计算区被定义后，不管光标在计算区的什么位置，只要选择 Notebook 菜单中的 Evaluate Calc Zone 命令即可执行计算区中的全部输入单元，且在每个输入单元后面以输出单元形式给出相应的计算结果。

13.2.5　单元的其他操作

1．单元的循环执行

利用 Notebook 菜单中的 Evaluate Loop 命令可实现单元的循环执行。

2．整个 M-book 文档输入单元的执行

Notebook 菜单项中的 Evaluate M-book 命令可以把整个 M-book 文档中的所有输入单元送到 MATLAB 中去执行。

3．删去 M-book 文档中所有输出单元

Notebook 菜单项中的 Purge Output Cells 命令可以删去 M-book 文档中所有输出单元。

4．单元转化为文本

单元转化为文本的方法是：选定单元，再选择 Notebook 菜单中的 Undefine Cells 命令。或将光标置于单元之中，按组合键 Alt + U。

13.3　输出格式控制

输出格式控制包括输出数据控制和输出图形控制。可以通过 Notebook 菜单中的 Notebook Options 命令来实现。

参考文献

[1] 夏玮，等. MATLAB 控制系统仿真与实例详解[M]. 北京：人民邮电出版社，2007.

[2] 王华. MATLAB 电子仿真与应用教程[M]. 北京：国防工业出版社，2007.

[3] 李维波. MATLAB 在电气工程中的应用[M]. 北京：中国电力出版社，2006.

[4] 黄忠霖，周向明. 控制系统 MATLAB 计算及仿真实训[M]. 北京：国防工业出版社，2006.

[5] 徐明远，邵玉斌. MATLAB 仿真在通信与电子工程中的应用[M]. 西安：西安电子科技大学出版社，2005.

[6] 陈怀琛，等编著. MATLAB 及在电子信息课程中的应用[M]. 北京：电子工业出版社，2003.

[7] 张志涌. 精通 MATLAB 6.5 版[M]. 北京：北京航空航天大学出版社，2003.

[8] 张森，张正亮. MATLAB 仿真技术与实例应用教程[M]. 北京：机械工业出版社，2003.

[9] 魏克新，等. MATLAB 语言与自动控制系统设计[M]. 北京：机械工业出版社，1997.